U0241279

HUANJING YISHU SHEJI CONGSHU + HUANJING SHEJI SHIGANG

环境设计史纲

吴家骅　编著

图书在版编目（CIP）数据

环境设计史纲／吴家骅编著 .—重庆：重庆大学出版社，
2002.6（2020.1 重印）
（环境艺术设计丛书）
ISBN 978-7-5624-2628-8

Ⅰ.环…　Ⅱ.吴…　Ⅲ.环境设计－历史
Ⅳ.TU-856

中国版本图书馆 CIP 数据核字（2002）第 033974 号

环境艺术设计丛书

环境设计史纲

吴家骅　编著

责任编辑：周　晓

责任校对：彭　宁　责任印制：赵　晟

*

重庆大学出版社出版发行

出版人：饶帮华

社址：重庆市沙坪坝区大学城西路 21 号

邮编：401331

电话：（023）88617190 88617185（中小学）

传真：（023）88617186 88617166

网址：http://www.cqup.com.cn

邮箱：fxk@cqup.com.cn（营销中心）

全国新华书店经销

重庆新金雅迪艺术印刷有限公司印刷

*

开本：889mm×1194mm　1/16　印张：17　字数：475千

2002年6月第1版　2020年1月第5次印刷

ISBN 978-7-5624-2628-8　定价：58.00元

序

吴家骅

　　近年来，中国经济状况变化很大，环境问题随着国民经济的高速发展而日趋严峻。我们对于环境问题的关注也是必然的。然而，我们的认识远远落后于社会发展的水平，因此，本书的撰写工作始终面临被动的局面，只能是边编写边修改，以跟上时代的发展步伐。20世纪末的中国迎来了城市化的高潮，亢奋的经济发展热潮使中国的环保问题不断升温，21世纪的中国将面临环境问题的更为严峻的挑战。传统的城市设计、建筑设计、室内设计的方法已经很难应付目下日趋复杂、综合化的环境设计问题。传统设计专业的前途是个什么尚未可知，然而，一个以生态美学为指引，以环境科学为基础，以人居环境质量的提高为目标的环境设计理论与实践体系的建立将是必不可少的。可以断言：环境设计将是下个世纪的重点学科，而与之有关的史学与理论的研究势必成为其重要的学术基础。

　　人居环境的营造史有别于一般建筑史、规划史，它是从环境营造的角度来回顾人类的设计史。由于前年的一场大病，力不从心，致使完稿遥遥无期。本书得以付梓，我得感谢重庆大学出版社周晓对本书的认真扶持，世界建筑导报社张巨雷等设计版式，戴叶子和甘海星等认真校对，特别是朱淳，他在我成书的关键时刻鼎力相助，无私贡献。

环境设计史纲

目 录

第一章　环境设计的起源

第一节　关于环境设计的历史

　　虽然我们生存的环境中有着许多人为的疆界，然而，我们的世界仍是个整体。人类共享着同一个天空、海洋和为数不多且不能再生的自然资源。人类以自己的力量适应自然环境，同时又不甘心受自然的支配，总是梦想成为能支配自然的主人。人类用了几万年的时间，摆脱了与动物相似的树栖洞居的生存方式；又用了几千年的时光，构筑了城市这样的生存形态。人类进化的历史，也正是一部人类用自己力量构造理想的生存环境的历史。在这个过程中，人类构造生存环境的意识和思想应运而生、不胫而走、相互影响、不断交流、烁古恒今。正是这种相互间的影响，促进了人类环境设计活动的进步。本书的写作目的就是试图描述、分析这一相互影响的原因和作用。

　　环境设计史是一部综合性的设计历史，一部人类栖居形态演变、营造技术进步和环境艺术思想发展的历史。古老而深邃的东方文明和富有进取精神的西方文明创造了环境设计艺术的典范，也提供了相应的经验和教训。回顾以往的历程，正确地评价人类的理性力量，有利于我们正视现实，确定我们的设计立场，找出属于我们自己的环境设计方法来。显然，我们过去的历史研究在一定程度上往往过高地评价了人类的理性力量，过多地强调了典型建筑物的设计技巧，设计史几乎写成了人类理性力量的赞美史诗。一部完整的环境设计史所要展现的应该是人与自然之间关系演变的过程，尤其是人作为最高级的生物形态去主动地影响自然和环境的过程，以藉此分析人类环境设计思想的发展。

环境设计的概念与范畴

　　环境设计是个新概念。大，它能涉及整个人居环境的系统规划；小，它可关注人们生活与工作的不同场所的营造。环境设计活动中有不同的分工，但是，分工却不能分家，所有对环境的设计离不开一个整体的人居环境质量的思考。

　　一般来讲，环境设计的工作范畴要涉及城市设计、景观和园林设计、建筑与室内设计的有关技术与艺术问题，环境设计师的职责似乎有一点"文艺复兴"时期的设计师与艺术家的味道。环境设计师从修养上讲应该是个"通才"。除了应当具备相应专业的技能和知识，如有关城市规划、建筑学、结构与材料等等之外，他更需要深厚的文化与艺术修养，因为任何一种健康的审美情趣都是建立在较完整的文化结构之上的。因此，文化史的知识、行为科学的知识等等，就成为每个环境设计师的必修课了。与设计师艺术修养密切有关的还有设计师自身的综合艺术观的培养问题、新的造型媒介和艺术手段的相互渗透。环境设计又使各门艺术在一个共享的空间中向公众同时展现。作为设计师，他必须具备与各类艺术交流沟通的能力，既没有门户之见，又必须热忱而理智地介入不同性质的设计活动，协调并处理有关人们的生存环境质量的优化问题。与其他艺术和设计门类相比，环境艺术师更是一个系统工程的协调者。

1-1　英国威尔士郡史前的"巨石阵"，约建于公元前3100—前1100年，由一系列的同心圆形状的石碑圈组成，圆形柱上架着楣石，构成奇特的柱顶盘。

1-2　"Running Fence"，克里斯托（Christo 1935—），美国加利福尼亚。克里斯托的地景艺术是另一种意义上的环境艺术，他以自己独特的艺术语言，诠注着对环境和艺术的思考。（下图）

从空间到形态

在现代设计的理论领域，空间概念问题往往是抽象的，或者说是"纯艺术"的。其实，现实生活与传统的空间理论是有一定距离的。空间往往在生活中是一种物质的存在，由一些具体的"东西"构成。同时，不同的空间之间还有一种所谓"空间关系"。而空间关系的构成可能是下意识的、长期的、有机的，也可能是极为理性的、"生产"出来的。因此对于"空间结构"的分析方法也就多种多样，对于"空间效果"的感受也就因人而异了。从表面上看，现代设计运动将建筑设计从唯美的 19 世纪传统中"解救"了出来，而提出了现代的空间概念。然而，它又从另一方面将建筑设计活动推向了"理性"而冷漠的深渊，人类的理性力量得以极大发挥，而环境质量却未必得到提高，甚至在很大范围内环境由于设计而有所破坏。更令人忧虑的是由于所谓现代设计思想的推波助澜，人们开始肆无忌惮地"征服自然"；设计师也自以为是社会"给予者"，环境设计的现状因此而呈现出长期亢奋、草率，其结果是无视环境的整体质量。

环境设计理论的提出，正是针对现代设计活动中产生出来的各种弊端，强调设计形态的动态变化而非僵死形式；强调设计的系统性而非单一项目的自我表现；强调"关系"而非孤立的构筑物；强调科学、技术与艺术结合而非对于人类成就的片面表达。

我们现实生活中的各种场所不是隔离开来的，"场所"的优劣要靠环境质量来评价，要看是否有个性，有否所谓可持续发展的可能。景观形态、城市形态与建筑形态这"三态"的状况对于整体的生态环境有着直接的影响，而环境设计史的主要研究对象就是上述几种形态的历史演变过程与相关的设计思想的变迁。

1-3 北京妙应寺白塔，建于公元 1279年（元代）。塔身呈瓶状，立于双层须弥座上，上施金属宝盖及宝珠。

1-4 非洲多贡族人的自然村落。多贡族人的宗教直接影响了他们的建筑与村落的设计，村落建成像人的身体，房屋代表动脉和静脉。（左上图）

1-5 罗马的万神庙内部，其直径与高度均为 43.43 米，上覆穹窿，穹窿底部厚度与墙同为 6.2 米，向上则渐薄，到中央处开设有一直径为 8.23 米的圆洞，供采光之用，结构为混凝土建筑。为减轻自重，厚墙上有暗券叠重，整个内部空间宏伟壮观而带有神秘感。室内装饰华丽，堪称古罗马建筑的珍品。（右上图）

1-6 意大利罗马，罗马圣彼得大教堂的内部。（右下图）

第二节　环境设计中的艺术问题

环境的艺术

我们生存空间的拥有以及生存活动的展开必然与场所的质量相关。其间，有技术问题、也有文化问题。这一切还都牵涉到了动物、植物、山川、大地与人的情感。因此，在场所的研究与创造活动中，一个人、物、天、地之间的"共生意识"的建立确乎也是必不可少的。因为，环境质量的提高正是这种共生条件的改善，是天意与人意的双重满足。而环境艺术之所以存在的理由就在于它实现着人们对其生存条件有着不断改善的理想。确切地讲，环境的艺术就是创造良好场所的艺术。更明确地说，就是用艺术的手段来优化、完善我们的生存空间。

环境与场所

自然环境是相对于人工场所或者说人工环境而存在的具体的自然造化。它的存在意义也在于它自身的空间结构的特征与属性：它们可能是相对独立的，或者是与人工场所相毗邻的。但无论如何它们是以自己的客观特点和人们藉此而赋予它们的意义为存在依据的。它是整个生态平衡的支撑，又是环境艺术整个文脉系统的重要组成部分。它也客观地制约着人工场所的形态构成与发展。因此，它是环境中最可宝贵的一部分，也是我们从事环境设计活动必须慎重对待的客体之一。

若将环境设计作为一种艺术创作活动来看待，则有必要对艺术美及其表现进行若干探讨。环境设计也可以看成人类的艺术创作活动。人们通过设计手段有意识地物质化自己的审美理想。在环境艺术中，物化形象和抽象功能与艺术空间是并存的。所谓物化形象，指的是赖以构成环境的界面和相关物品：广场、建筑、庭园、绿化、壁画、雕塑和特定的室内空间；所谓空间艺术则是物质形体的抽象的空间关系处理的艺术。两者便构成了环境艺术本身，并决定了这一艺术活动的质量。

环境艺术观念的客观化水准往往取决于一件作品是否能与客观条件和自然环境建立持久的协调，而不单纯的是造型艺术、形象艺术。孤立的或局部的美好设施不是环境艺术的全部。环境艺术美所包含的艺术美与人们的创造活动有直接关系。纯粹的自然美人们只能望之兴叹——往往无奈地称之为"上帝的创造"。环境艺术只能是人们根据自己的、有限的认识和需求对客观环境做一些可能的调整。其间，不可避免地有许多不完善的地方，尽管有一些人类精神的闪光点。因此，环境艺术的美不是绝对的。人们在审视人为造化的时候总是按否定之否定的原则调整着自己的审美尺度的。柏拉图式的固有审美模式在环境艺术领域中很难找到合理的地位，相对性与偶然性，即是说人们做审美判断的相对比较与调整，对于特定环境或特定文化的偶发审美联想和即兴创造是不可忽视的。

1-7　北京天坛的"圜丘坛"，建于明代嘉靖年间。"圜丘坛"供皇帝祭祀天神之用，它的所有尺度都具有象征的意义。设计者巧妙地利用了声学的原理，使站在中央的圆石上说话的声音显得十分洪亮。（对页）

1-8　北海的"九龙壁"。（下图）

综合与个性

环境艺术审美的过程是一个多元化的感受与认识过程：个性离不开一般意义的、功能上的普遍性；现实性离不开历史上的延续性和发展上的未来性；诗兴离不开实用性。营造环境的艺术气氛有其特定的技巧。环境艺术作品作为一种综合性极强的艺术体裁，它的表现技巧是特殊的，考虑的侧面很多，并且因地、因时、因人而异。首先，作品必须按所表现的环境营造意图，明了地用环境设计的语言表达出来。所表现的东西尽可能少地夹杂着不必要的内容。

环境艺术的表现不是拙劣装饰物的堆砌而是准确地且经济地应用设计语言。那些与基本内容无关的饰物会破坏环境艺术本体，淡化环境艺术品的表现力度与鲜明的空间艺术个性。环境艺术作品的个性就是被定义的场所的特色，它是不可能为人所来回回去拷贝的。独创性是美的起点。赝品一开始就丧失了个性，与美的创造无缘。个性的追求，尤其是在环境设计这个领域是个长期的过程。其间，经验的积累是最根本的事。虽说，有个性的设计师都很自信，对自己美感有把握，有执着的表达愿望。但是，他们并不一味自我欣赏，而往往从事谨慎，尊重客观工作环境。这里有一个共同点：无论环境设计作品的个性有多么强，只要是好的，必然是有条理、有秩序，与其文化和自然背景有着必然联系的。也就是说，环境设计师不仅要有聪颖的头脑，还要有宽广的胸怀。

环境设计是个实在事，许许多多的东西要实实在在地营造出来。徒有复杂的思绪，良好的愿望，仅仅谈理论还过得去，若要联系实际事情就麻烦了。环境设计是一个由若干工种结合的设计活动，它的

1-9　MORO 喷泉，罗马。（左图）

1-10　北京北海公园琼岛。北海公园始建于公元 1179 年，是中国古代自然山水式大型宫苑。琼岛是其中心，也是北京城内的重要标志之一。蓝天、白塔、红墙、绿瓦、红莲、翠柳与清风，展现了神仙宫苑和仙岛的意境。（对页左下图）

1-11　冠云峰，苏州留园。（对页右上图）

1-12　"构成 1937"，花岗石，高 1.25 米，路易斯安纳美术馆，比尔（瑞士）。（对页右下图）

实现还离不开智巧工匠，只有艺术想象力与实在的技术、经济条件以及大众的审美情趣统一起来的时候，一件环境艺术作品才有可能被毫不造作地营造出来。

环境艺术美感的实现有赖于观察者或使用者对美的体验；有赖于观察者或者体验者在环境经验过程中的联想。好的环境艺术作品能为人们的想象力留有余地，创造一种审美的自由境界。然而，深入地研讨环境艺术问题我们不能只顾眼前的发展。回头看看历史，看看人类在环境设计活动中所经历的过程，有利于我们建立自己的事业发展眼光。起码，我们可以回避过去所犯的错误。

1-13 冰岛的斯凯弗塔裂谷，它是一道长 27 公里的裂谷的一部分，这个裂谷于公元 1783 年喷发，喷发出的大量火山灰和火山气体造成冰岛境内 75%的动物死亡，并在之后的饥荒中更造成了一万多居民的死亡。人与其它动物的生命在自然的环境中还是相当脆弱的。

第三节　环境设计的起源

生命的起源

地球只不过是一颗在宇宙太阳系中，在各恒星的引力作用下不断旋转的小小行星，确实是宇宙之"沧海一粟"。地球环境的变化超出了人类的想象能力。整个太阳系只不过是漂浮于无限太空中的众多星系之一。而太阳的体积是地球的125万倍，离地球9882万英里（1英里=1.609公里）。盘古开天地，气候与种族群体生存条件的变化就已存在。据说，47亿年前，地球表面是一片云团笼罩的荒芜与火山，混沌无序，温度奇高。此刻，地球上没有海洋，没有大气层，也没有生命。随着地表层的冷却，水气凝聚，大气层产生，生命伊始。

有了光和水，植物得以进化，拥有了自身的储水和供水系统，从此，能根植大地。最早的植被是在浅水湖区与泽地，有苔藓、蕨类植物和针叶树森林（今天的煤炭资源的前身）。此后，动物生命出现，并逐步分为两栖。由于气温巨变，大型爬行动物因酷寒而灭绝。随大陆板块运动，大陆分开，形成海洋；或由于板块之间的冲撞、挤压而形成山脉，造成现实地貌。植物也逐步适应了干燥的气候。此后，地球上花木繁茂。由白桦、山毛榉、冬青、鹅掌楸等构成了森林，养育了动物世界。

与地球演化的时间相比，人类文明史是极短暂的。生物进化的史实表明，没有两种生命形态是完全相同的，生命一开始便有了个性。在哺乳动物中，一种介于猿和猴之间的生灵比其它动物更为聪颖，大自然塑造了它们的形体和本能，使其在森林中幸存了下来。约300万年前，这种高级的生灵发明了劳动工具——打制石器，开始了调整环境以适应自身或者调整自身以适应环境的伟大任务。按达尔文的说法，古猿从"攀树的猿群"逐步学会直立行走，以至能使用工具：木棒与石块。人类就是从这种已绝迹的古猿进化而来的。人类学家只能凭借考古学的发现与遗留下的原始艺术来做出大概的推测。尽管冰河时期的寒冷气候持续，但人类仍然在繁衍壮大。

1-14　从月球上俯瞰地球的情形。
1-15　非洲乞力马扎罗山基博峰的火山口。（下图）

旧石器时代

旧石器时代的人类发展了狩猎技能和基本的御寒能力。人类不断进化，生活在5万年前至1万年前的晚期智人，脑容量平均为1 400毫升以上，基本上标志着人类的祖先完成了向现代人类的过渡，成为能思维的人。

只有人类才能创造某种环境，而有了这种环境的创造才能构成所谓文化。因为，只有人类才知道设法优化自己的生存条件，只有人类才会追问我是谁，来自哪里，为什么如此之类的基本问题。就环境而言，也只有人类具有强大的环境适应以至改造能力，以克服自己的生理局限性。人类适应、改造环境的过程，就是一个环境设计的过程，一个文化的过程。人们在沙漠中，在崇山峻岭、在平原上，在江、海、湖泊上有着自己的工具、衣着、语言符号系统、管理制度、信仰（或信念）。这一切的发生、发展与变化的总和构成了全部的与环境相关的艺术与设计思想。

到公元前8000年左右，人类已遍布地球的大部分地区，可能在非洲和亚洲西南部为数最多。在人类定居下来的地方，由于地理和气候条件的影响，人类不同种族形成：黑种人、高加索人、蒙古人、布希曼人和波利尼西亚人。高加索人创造了中部文明和西部文明，蒙古人种创造东方文明以及前哥伦布的美洲文明。

人类的进化是从制造和使用工具开始的。当原始人类开始有意识地敲击经过选择的燧石，制作粗陋的石斧和削刮器时，这种行为已经包含了人类最初的设计意识。这些原始工具的制作过程虽然简单，但却具有鲜明的目的性和功利性，这正是设计的最重要的特征，人类对环境的改造行为也正始于这种工具的制造过程。一方面，人类掌握基本的工具是营造自己生存环境的前提；另一方面，在制造工具的过程中，人类学会了有意识地去制造"物质"的世界。

从制作粗陋的石斧、削刮器的"旧石器"时代到能够将经选择的石料打磨成光滑的石斧、石刀、石锛、石铲、石凿等，并在石器上打洞、装柄以至于进行装饰等的"新石器"时代。其间的进步并不仅仅只是器具的外观和制作的技术，更为重要的是人类的设计意

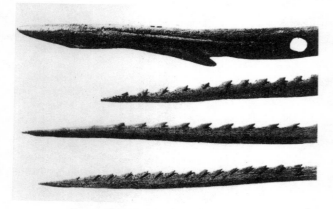

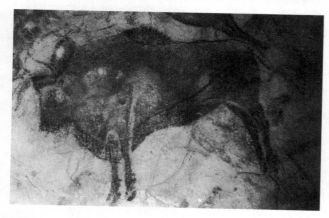

识有了一次质的飞跃。

经过磨制和抛光的石器，不仅具有悦目的外观，更为有意义的是其中体现了制作者对于制作过程的控制能力，尤其是对形的控制能力和对美的形式的感受能力。经过磨制的石器在使用中被证明更有效、更合理。最初倾注在石器工具中的功能需求，在那些新石器时代的石器工具的制作中得到了更完满的实现。

在旧石器时代的晚期（约5万年前—1.5万年前）原始人类制作的器物中，不仅有精致的石器，还有为数颇多的装饰物。17000多年前的北京周口店的山顶洞人已经利用石头、兽骨和海贝等物，用钻孔、刮削、磨光和染色等方法来制作装饰物，它是原始人类审美意识的反映。这种原始的审美意识的产生过程与石器制作中有意识地制造特定的形体，使之适应某种生产和生活和需求的过程相比，前者是出自一种精神的需求，并更具有意识形态的内涵。

远古时代，人类的生存环境相当严酷，自然界各种恶劣的气候、毒虫猛兽和人类自身的疾病瘟疫等都对人类的生存构成威胁。在这种情况下，自身的安全需求在所有的设计因素中是首要的。人类作为自然界的物种之一，其生存取决于适应自然的能力。这种适应当然也包括设计、制作有用的工具、武器来保护自己；同时也包括为自己创造一种安全的生存环境，原始人类对居住环境的营造正是体现对安全的需求。

一旦最基本的生存需求得到了满足，其他方面的各种需求也会不断产生。随着生存危机的缓和，渴望更舒适的生活、显示更高的营造技能与更复杂的构造方式；并在这个过程中，达到自身更细致的情感等方面的要求就会变成对环境的新追求。同时原先对环境的基本需求也会要求以一种比先前方式更高层次的形式得到体现。

在原始人类漫长的生存进化的过程中，在每一种工具和器物的演变中，每一种生存形态的进化过程里，"都体现了无数代人的集体经验"（戈登·蔡尔德）。

正是从这种无数代人的经验中，人类发现并总结了在工具制作的过程中符合规律的形式要求（如光滑、弧度、均衡等），并由此产生了对形式感中的曲线、对称、尺度等的感受能力。人们在对生存环境的改造中，发明了各种建筑的构造方式，发现、发明了各种用于建造的材料。并在这过程中，形成了对物质对象的审美经验。这种对于物质对象的审美体验是在物质生产的基础上，经过漫长历史阶段的升华，才成为人类在设计意识中的自觉追求。

对于在生命背后的神秘力量的猜测，以及对这种力量强大威力的恐惧和敬畏，形成了原始的信念和艺术思维。在法国和西班牙洞穴中保留下的壁画艺术中，我们就能切身体会到人类的这一本能和创造力。

最初的人类只是食物的采集者或者狩猎者。随着进化的过程，便出现了生产力低下的原始社会。原始社会没有文字记载。旧石器时代（智人阶段）人类开始制造骨针、兽叉、鱼钩等骨器，并且用矛和箭从事大型狩猎活动。学会了运用燧石、兽骨制造利器。除了狩猎与采集食物之外，他们已开始用大型兽骨、木头和动物的皮毛来构筑住所，利用天然地形以血缘家族为核心，以大约20～50人的规模群居。这时的人类聚落形态，绝对是自然造化的一部分。动、植物是他们所依赖的基本物质，因此而成为人类的偶像——图腾——宗教的起点。

1-16　用鹿角制成的鱼叉，出自英国约克郡的一个旧石器遗址，约公元前6000年。（对页上图）

1-17　西班牙阿尔塔米拉洞窟内的奥瑞纳时期的壁画。（对页中图）

1-18　西班牙阿尔塔米拉洞窟内的马格德林时期的壁画。（对页下图）

新石器时代

大约在公元前 8000 年至公元前 4000 年，人类经历了新石器时代的革命，开创了人类与环境关系极其重要的篇章。一直以狩猎为生的人成了农耕者。人类制造更为精巧的磨光石器工具，使之能清理森林，平整土地。人类驯化了山羊、绵羊和猪，并且开始学习种植谷物。在发明了陶器的同时，人类已从食物的采集者转变成了生产者。开始栽培植物、畜养动物。在西南亚，人们已开始种植小麦、大麦；在中国已开始种植水稻与小米；在中美洲的秘鲁已开始种植玉米和马铃薯。

由于食物的相对充足，人口随之增殖。母系氏族社会形成。起初，人群大多聚集在肥沃的江河流域，因为，只有江河带来的淤泥才能使土壤再生，养育大量的人口。新石器时期的农耕文化从美索不达米亚（Mesopotamia）—两河之间—沿地中海沿岸和大西洋向西传播。随着人类的聚落从密林中移出，头顶苍穹的人们将原有的日夜节奏扩展成为了年岁节奏。同时，上天神灵的观念逐渐占据了人们的心灵。石构与土筑的纪念性景观是早期建筑文化的主要表达。

1-19 北美印第安人的原始石器，尖状石斧，高约 6~7 厘米。（左上图）

1-20 原始人类取火用的燧石与擦石。（左下图）

1-21、22、23、24、25 新石器时代分布于欧洲各地的各种巨石纪念性建筑。

青铜时代

公元前 4000 年至公元前 2000 年间，由于气候的变化，森林在某些地区曾一度蔓延，对农耕者形成了严重的威胁。同时，撒哈拉变成了贫瘠荒芜的沙漠，失去了昔日的繁荣。地中海沿岸则成了哺育西方文明的摇篮。冶金技术的发展丰富了战争与和平环境中的各种技艺，促进了文明的发展与传播。在繁荣的农业地区中没有发现金属，而是在偏远、贫瘠的土地上才能找到。探勘者到达布列塔尼（Brittany），进入克伦威尔（Cornwall）找到锡矿，到威尔斯和爱尔兰采掘到金矿，并且取而代之土著而成为主人。

虽然埃及和美索不达米亚当时完全跨越了石器时代，但在其他文明中仍然沿用巨大石构来自我表达。布列塔尼的卡尼克（Carnac）遗址和在英格兰史前巨大石环（Stonehenge）的遗址都分别可追溯到公元前 2500 年和公元前 2000 年。公元前 3000 年，人类进入青铜时代。公元前 1000 年，铁器已开始广泛使用。公元前 3000 年到 2000 年，西亚两河流域、印度河流域、黄河流域、爱琴海地区的部分地区进入青铜时代。阶级社会逐步形成。农业与畜牧业的发展，促进了手工业的形成。金属工艺、制陶工艺、纺织工艺、酿酒榨油工艺从农牧业中分工出来。随之，商品交换机制与构筑物应运而生。此后，奴隶占有制打破了原始氏族社会关系，社会结构的规模更大，脑力劳动与体力劳动开始分工。

生产效率的提高，使人们有了更多的精力改善自己的居住环境。各地的人类都依照不同的地域特点，创造了各种居住建筑的型制。从美索不达米亚地区发现的迄今最原始的人类居住地（那只是在泥土地上挖开的一个空洞，经日晒风干如砖一样坚硬），一直到印第安人的"长房"（其规模大到 30 米 ×15 米）。中国的居住建筑也开始从"穴居"一直发展成为"干阑"、"碉房"、"宫室"等建筑类型。渐渐地，随着氏族家庭的繁盛，一些由家庭结成的小群体出现了。原始的村落出现了它的雏形。此后，出现了最初的公用建筑设施，最早大概是公共的墓场，后来可能是其他的公用设施。

随着社会结构的不断庞大，人们开始自己最初的

1-26　属于美索不达米亚文化的乌罗克遗址出土的雪花石膏瓶，高 92 厘米，约公元前 3200 年。

城市建设。以地域关系取代了血缘关系，迁移民众；以公共建筑来体现权力关系；大兴土木，兴建象征中央集权的宫殿林、圣祠。甚至为表达对死者的敬畏之情，不惜花费巨资兴建坟地陵墓，并以极大的艺术创造力来表达对逝者和神明的敬意。城市形态的主要特征一开始就是：人口密度高，功能分区清楚，构成商贸、交通、权力的中心。渐渐地，区域间的贸易出现了，并且开始呈现出远程贸易趋势，甚至出现了横跨欧亚大陆的固定贸易线路。就欧洲而言，贸易呈现出向东发展的趋势，形成了通向印度、蒙古甚至中国的固定线路，铺垫了后来的丝绸之路。

此时的人类已经被自己往日的荣耀陶醉，不自觉中唤起了征服自然的雄心。他们要在与自然相处的日子里，成为世界的主人。对自己的生存环境，人类已经踌躇满志。

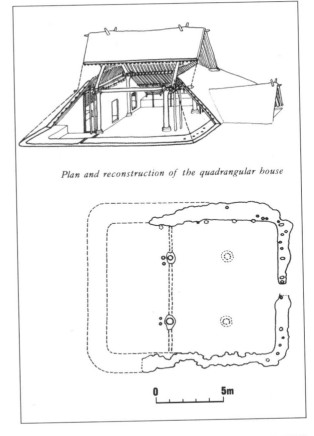

Plan and reconstruction of the quadrangular house

1-27、28　西安出土的原始住宅遗址及复原图，约公元前 3600 年。

1-29　迈西尼城的狮子门（Lion Gate, Mycenae, 公元前1250年）。门宽3.2米，上有一长4.9米，厚2.4米，中高1.06米的石梁，梁上是一三角形的叠涩券，券的空洞处镶着一块三角形石板，上刻一对雄狮护柱的浮雕。（左图）

1-30　埃及卢卡索的国王山谷（Valley of the Kings, Luxor, Egypt），在当时生产力极为低下的时代，埃及人已经在以人的力量创造环境了。（下图）

1-31　雅典伊瑞克先神庙，（公元前421—前405年）位于帕提侬神庙之北，根据地形高差起伏和功能需要运用不对称构图手法成功地突破了神庙是对称的格式，成为一特例。它以小巧、精致、生动的造型，与帕提侬神庙的庞大、粗壮、有力的体量形成对比。（上图）

1-32　复活节岛上的神秘石像，它表明了在欧洲人来到这个太平洋上的小岛之前，这里已经有了自己的文化了。（左下图）

第二章　从空中花园的隐语到伊斯兰环境设计

　　"空中花园"是一场梦。为了圆这个梦，古代西亚人与他们的继承者实践了几千年。最终，形成了适应自己的特定自然环境以及独特思维方式的环境设计思想与方法，并且对东西方特别是欧洲的环境设计思想有了一定的影响。至今，植根于西亚的环境设计思想仍然在世界环境设计领域中占有一席重要的地位。

　　西亚文明发源于美索不达米亚，随着亚述人、波斯人和萨珊人的文明进步而得到了拓展。在后来的伊斯兰文化的影响下，中部文明向西，扩展到欧洲的西班牙，向东，传播到大约北纬 35 度的印度，与以埃及文明为基础的西方文明平行发展，互相之间有密切的接触与冲突，在思想观念上有着持续的交融和抗争。相对而言，东亚的古代文明更遥远一些，甚至当信奉伊斯兰教的莫卧尔人征服了印度教徒之时，源于东、西亚的文化仍然保持着各自的独立性。直到公元 1700 年前后，中部的文明才似乎逐步削弱了自己作为文明原动力之一的作用。世界文化大体上体现为东、西方（主要是欧亚大陆）两大体系。

2-3　人首翼牛像，赫沙巴德，萨尔贡王宫裙墙转角处的一种建筑装饰。为了使雕像的形象从正面与侧面看时均能完整，常雕有五条腿，又称五条腿兽。（上图）

第一节　古代的西亚文明

苏美尔——美索不达米亚文明

　　大约在公元前 8000 年，在小亚细亚高原和美索不达米亚平原东部的丘陵地带，人类开始从狩猎者转变成了农耕者。后来，人类迁移到了今天的伊拉克境内，定居在流向波斯湾的底格里斯河（Tigiris）和幼发拉底河（Euphrates）之间的三角洲地区带，开始利用简单的排灌技术务农，在江河的冲积层上种植谷物。同时，猪、狗、羊、牛已逐步被驯养成家畜，一个以农业为核心的自然经济体系业已形成。由于生活方式的变迁以及计时、土地丈量、牲畜与谷物计量的需要，当地的苏美尔人发明了最早的数学系统，创造了自己的文字。为了观察天体，揣摩神灵旨意，占星术士们积累了大量天文资料。大约在 4000 年以后（约公元前 4000 年），世界上最初的有文字的文明——"苏美尔"（Sumerian）文明成熟。

　　这支文明曾被称为"巴比伦文明"或"巴比伦—亚述文明"。现在我们知道它的创立者并不是巴比伦人，也不是亚述人，而是更早的苏美尔人。因此史学家们用"美索不达米亚"这一地理名称来概括这一文明。美索不达米亚文明在许多方面与埃及文明不同。在它的发展历史上曾有过多次的中断，它的种族成分也非常复杂。许多王朝和地理范围的变更，以及建筑和景观上的发展造成了错综复杂的历史现象。

　　最早的苏美尔人在文明史上最大的贡献是创造了一套文字体系，这就是著名的"楔形文字"，它是用平头的芦杆刻在泥板上并晒干保存下来的。这种文字最初是一种象形文字，后来逐渐地演变为一个音节符号和音素的集合体，总计约 350 个，古代苏美尔人用它来记载重大的事件。除了文字之外，苏美尔人在数学方面也取得了相当的成就。

2-1　波斯波利斯王宫的浮雕。（中图）
2-2　波斯波利斯王宫的石刻兽像。（下图）

自然与历史背景

美索不达米亚地区的北部寒冷多雨，山坡上生长着橡树、悬苓木、黄杨、雪松、柏树和白杨等林木。在北方江河平原多柳树，枣木、柳树则生长在三角洲地带。沙漠毗邻着底格里斯河—幼发拉底河盆地的西部边缘，东部则是兹格洛斯山脉，南部是平坦的盐碱沼泽。这儿除了这两条河流之外，大地景观平平。该地区没有规律性的雨季，却时常有大规模暴雨与洪水泛滥，两条河流的流向变得难以捉摸。人们不得不在学习水利工程的同时，靠天吃饭，无奈于大自然时而产生的破坏力。显然，只有通过在规模上超过家庭或宗族的劳力组织才能驾驭难以琢磨的幼发拉底河，以满足水利灌溉要求。苏美尔的社会结构也根据这样的生存需要而演化，进而产生了一些奴隶制的城邦国家。

公元前 3000 年时，美索不达米亚地区出现了 12 个独立的城邦国家。为了争雄称霸，各国争战不已。此后，由闪米特人领袖萨尔贡一世以阿卡德为基地建立起了一个跨越地中海与波斯湾的庞大帝国。不久，来自伊朗的入侵者，毁灭了阿卡德帝国，恢复了城邦制。直到乌尔城邦的崛起，苏美尔人才又一次建立了自己的帝国。一个世纪之后，一支闪米特游牧民族阿摩利人入侵两河流域，建立了古巴比伦王国。到第六代王汉谟拉比统治时期（公元前 1792—1750 年），成为显赫一时的奴隶制帝国，并制定了古代奴隶制社会第一部较完整的法典。

苏美尔人的社会基础是自然经济，其文明与秩序的基础是等级制度。统治者是至高无上的国王和拥有法律仲裁权的祭司。然而，游牧民族对于这块沃土的入侵不可能停止。入侵者凭着强壮的马匹和铁制的利器，以少胜多，致使该地区帝国更迭频繁，战乱不已。然而，在文化上，入侵者又被相对较高级的苏美尔文明所同化。例如阿摩利人就被苏美尔·阿卡德文化同化。

公元前 1275 年，巴比伦毁于穷兵黩武的亚述人之手，亚述帝国迁都尼尼微（Nineveh）。亚述人能驯养马匹，善用战车，手持铁制破城槌不断向外扩张，控制了整个苏美尔地区、伊朗高原、小亚细亚、叙利亚、巴勒斯坦以及埃及等地。因之，埃及的建筑文化以及

2-4　波斯波利斯王宫觐见厅的石刻浮雕（局部）。（上图）

2-5　乌尔神塔（乌尔观象台），苏美尔文明最大的幸存遗址，是一座人工构筑起来的"天国之山"，约公元前 2250 年。是古代西亚人崇拜山岳，崇拜天体，观测星象的塔式建筑物。（下图）

2-6　乌尔神塔（乌尔观象台）的复原图。（对页图）

装饰艺术业已东渡，融合于亚述人的营造活动之中。

加勒底人于公元前 605 年彻底征服了到处树敌的亚述人。在尼布甲尼撒二世（Nebuchadnezzar II）时期，巴比伦重新被定为首都，新巴比伦城是当时世界上最繁华的城市，也是西亚贸易中心。公元前 538 年，波斯人攻克巴比伦。随后，相继征服埃及北部和印度旁遮普，从而形成了一个从尼罗河到印度河的庞大帝国，整个中东地区置于一个帝国的统治之下。从此，动乱被抑制，波斯帝国几乎与古希腊和中国同时达到了古代文明发展的顶峰。古代美索不达米亚文明取得的成就，最终融入了波斯帝国所创立的一种新的文明形式。地域影响更广泛的波斯文化在融合了被征服地区的各种技术与工艺的传统后，创造了一种折衷性的文化，并以此为特点成为世界文明史中的一页。

波斯帝国曾经令希腊城邦称臣。公元前 334 年，马其顿王亚历山大率军东侵波斯。4 年后，波斯帝国亡。此后 500 年间，古代西亚文化一直受古希腊文化的影响。公元 226 年，萨珊人（Sassanids）重建本土王朝，直到公元 637 年被穆斯林征服。

美索不达米亚的环境设计

苏美尔人的信念深受其自然环境的影响。底格里斯河和幼发拉底河年年泛滥，洪水无法预测。面对无法控制的自然力量和蛮族的不时攻击，生活得不自在的人们只得面对上苍冥思苦索。原先生活于原始丛林中的人所能构想出来的神来自于一切可触及的事物的联想。不管它们是否有生命，人们无法解释它们产生与存在的原因，而只能是在生活上与之相依为命。当人们走出丛林，置身于无边无际的原野时，他们在夜空中所见到的东西似乎都是神秘、闪烁、遥远、井然有序而永恒的，它们在人们心目中很快就获得了超凡的意义。

从宗教意义上讲，结果有二：一个是诸神概念，在众多的神灵之中包括一位至高无上者，他控制着人世间的一切；另一个概念是一个可望而不可及的永恒世界的存在。这两个概念都受人类想象力的局限；前者反映了一种现实生活关系的理念；后者反映了人类物质理想。因此，每个城邦都有其自己的守护神，国王是神化了的人，听命于神权。生活的无法保障必然会导致这样一种生存观：一方面要尽情享受短

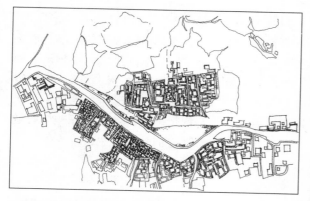

2-7 古代巴比伦的地理示意图。

2-8 位于叙利亚中部的巴尔米拉古城贝勒神庙遗址（局部）。（右下图）

2-9 新巴比伦城伊什达门（公元前7—前6世纪）。据文字记载，新巴比仑城横跨幼发拉底河两岸，平面近似方形，城中道路互相垂直，南北向的中央大道串连着宫殿、庙宇、城门和郊外园地。伊什达门是城的正门，上有用彩色琉璃砖砌成的动物形象，并有华丽的边饰。城门西侧是有名的空中花园。图为科尔德威复原的柏林近东博物馆内的伊什达门。（左下图）

暂的人生时光，另一方面要对宁静的未来生活沉思瞑想，而星空就象征着这种宁静并给人以无尽的遐想。

金字形神塔正是人们这种世界观的物化表达。在农闲时分人们建造了比拟神灵居所的圣山，供人们观察、测算天文现象；试图预测影响农业耕种的天国奥秘。在通天塔的传说中有金字形神塔的美妙故事。但是，在讲求实惠的亚述人和波斯人统治时期，它却消声匿迹。金字塔的天际线轮廓也为后来的穹顶和尖塔所取代。而伊甸乐园（Paradise Garden）作为一种形而上学的描述则要持久得多。据说，第一座这样的乐园位于巴比伦的北面。在旧约全书中提到："在伊甸园的东部，上帝营造了一座花园……一条来自伊甸园的河流灌溉着花园；从此，河流分支，成了四条河流的源头……第四条河就是幼发拉底河"。这里所描述的天堂为四方形状，从此，中部文明里尘世的园林便以此为基本模型。

由于材料的限制，在巴比伦，建筑均为粘土烧结砖砌筑而成。用这种砖修建的建筑相对于石刻建筑，造型较为自由。构筑物常常是低矮、向水平方向发展的。重

要建筑均置于台基之上，以避免洪水与昆虫的侵扰。平坦的屋顶构成了屋顶花园。在巴比伦出现了拱和拱顶技术，这可能就是传说中的空中花园的基本筑造技术。宫殿规模庞大，常常带有方形的内庭，与金字形神塔形成对比。通往神塔顶端的仪式通道可谓最初的观景楼梯。亚述和波斯征服者的建筑在波斯波利斯（Persepolis）达到了顶峰。大跨度结构可能用来自黎巴嫩的杉木梁构成。建筑物仍旧置于方形组合的平面上。伊朗所保留的建筑思想在希腊化时期被淹没了，但是，在萨珊文化期间却又重新出现，然而，早期置于方形平面之上的拱顶演变成了穹顶。

由于灌溉与农作的神奇效应，面对外部的蛮荒世界，人们产生了最初的园林设想。这块按照农业科学加以模式化布局的富饶的绿洲，像一块巨型地毯铺延在两河流域之间。而园林就是这种理想化景观的再现。西亚园林往往设有围墙，以几何形为基本形，基本内容就是灌溉水渠和可斜倚其间的树木。而树的那种生命力则总是崇拜的对象。按伊甸园的型制：一块围合起来的方形平面，用来区别充满危险和敌意的外部世

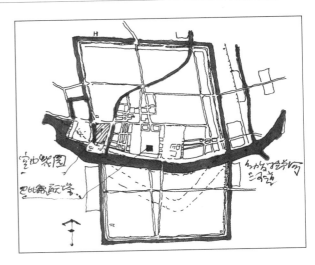

2-10 晚期巴比伦城市示意图。（上图）

2-11 位于叙利亚中部的巴尔米拉古城贝勒神庙遗址。（下图）

界，再用象征天国四条河流的水渠穿越花园。在理论上，伊甸乐园里面种植了尘世间所有的瓜果。

在亚述人统治期间，随着马匹驯养的普及，也出现了最早的狩猎苑围（Hunting-Park），这是最早扩展渗入环境中去的景观园林。同样，苑围以几何形布局，里面种植的树木常引自遥远的地方，在苑围中引入了野生动物，而狩猎用的亭岗逐步演化成为最初的观景亭与台。即使是在波斯人征服期间，这方面思路的开拓和实践都没中断过。因为，波斯波利斯城就是营建在巨大的基座上面的，其气势宠大，从山峦向外延伸以控制城下的平原。在波斯人的景观中，惟一可见的宗教仪式就是在高地上的火祭，并且在萨珊王朝时期，这些仪式仍然继续。

2-12　波斯波利斯宫"百柱大厅"，公元前518—前406年，波斯大流士和泽尔士在波斯波利斯的宫殿。建筑群倚山建于一大平台上，入口为一壮观的石砌大台阶，两侧刻有朝贡行列的浮雕，前有门楼。中央为接待厅和百柱厅，东南为宫殿和内宫，周围是绿化及凉亭。百柱厅平面为68.6米见方，内有柱子100根，柱高11.3米。（对页上图）

2-13　大流士石窟墓（Tomb of Darius 公元前485年）。建于波斯波利斯以北12公里的山岩峭壁中，其正面呈十字形，宽约13米，刻有大流士宫立面的浮影。（对页下图）

2-14　波斯波利斯宫的"百柱大厅"遗址俯瞰。（上图）

2-15　新巴比伦城"空中花园"，美索不达米亚迦勒底帝国巴布甲尼撒二世建造，世界七大奇观之一，被认为是世界上最古老的屋顶花园。本图为J.B.Beale绘制的复原想象图。（下图）

第二节 西亚的伊斯兰世界

自然和历史背景

在西亚沙漠景观中,温差极大,聚落之间相隔甚远。在巴格达地区,气温变化大:冬天为零下8摄氏度,而夏天为54摄氏度。该地区只限于冬、春两季降雨,雨量每年不到10英寸(1英寸=25.4毫米),不时还从北方吹来夹杂着尘土与砂粒的强风。人们将其繁荣归功于东西贸易通道之间的各聚落点,把自己的生存寄托于精心建造的灌溉系统。除了滨河城市的绿色环境以外,小块可耕种农田也有所延伸。通过被称为昆纳特斯(Qanats)的地下水渠,人们开发了地下水源。越过了北部的库尔底斯坦(Kurdistan)和安纳托利亚(Anatolia)的森林高地,便是沿海地区,那

2-16 萨马拉大礼拜寺(848—852,在今伊拉克)遗迹,现存巴格达哈里发时期最早的建筑遗迹。平面238米×155米,中有内院,基地上共有柱子464根,寺北有螺旋形邦克楼,高50米。(上图)

2-17 泰西封宫(Palace at Ctenphon公元4世纪)。伊拉克古都泰西封的兴建标志了古伊朗传统风格的回归。泰西封宫是波斯帝国后期萨珊王朝的宫殿。它是亚述和拜占廷建筑的结合,宫殿为彩色砖砌成,今仅存中央大拱厅残迹,为世界跨度最大的无加固砖砌单跨建筑,对景观所起的统领作用与庙塔有异曲同工之妙。(下图)

2-18 耶路撒冷古城及城墙,位于中东地区地中海东岸的犹地亚山上。(对页图)

里人口稠密，物产丰富。沿着黑海一线扩展出去，到了君士坦丁堡（Constantinople）形成了高潮。

阿拉伯人是来自南方阿拉伯沙漠的游牧民族。这些牧羊人，驱赶着羊群，披星戴月，四处漂泊。在这个世界上，他们所拥有的只是方便携带的随身物品，这恐怕也就是阿拉伯人为什么喜好珠宝、地毯和香料的缘故。除此之外，阿拉伯人另一项技艺就是雄辩和咏诗。他们的宗教原是多神崇拜的，麦加（Mecca）是他们的宗教圣地。先知穆罕默德猝死之后，这个民族就结成为一个独来独往的、狂热而有冒险性的集团。公元637年，他们征服了波斯帝国。开始，哈里发帝国（Caliphate）建都于大马士革，公元750年改朝换代之后，迁都巴格达。在这里，阿拉伯人建立了最早的教育体系，翻译和传播希腊古典著作，发展了科学，包括园艺和植物学，并使巴格达成为世界性大都市。

1258年，蒙古人攻克巴格达，洗劫了美索不达米亚，破坏了灌溉系统。公元1326年，奥斯曼帝国的土耳其人皈依了伊斯兰教，并在布萨尔建都。1453年，他们占领了君士坦丁堡。在阿拉伯人和蒙古人统治期间，波斯帝国本身已衰落了。到了1501年，波斯的萨菲亚丁王朝时期，一个独立的伊斯兰国家出现了。在阿拔斯一世（Abbas I, 1571—1629）统治时期，通过一系列的征战，击败了奥斯曼帝国的军队，收复被奥斯曼帝国侵占的土地，并迁都伊斯法罕（Isfahan），伊斯法罕很快成为世界上最美丽的城市之一，波斯帝国达到了它的全盛时期。

伊斯兰教的信条是《可兰经》：一部规范人类行为的法典。传说它是由至神安拉（Allah）授与先知穆罕默德的。其中掺入了许多犹太教《旧约全书》的内容。《可兰经》影响了所有伊斯兰的思想、艺术与环境设计。对于阿拉伯人来讲，生命是短促的，只要能恪守教规，当然可以尽情享受人生。而教规无非是斋戒、沐浴以及礼拜祈祷等。这样的宗教观念带有一定的宽容性，甚至对被征服者也产生了一定的吸引力，许多人因之而皈依了伊斯兰教义，学习阿拉伯语，接受穆斯林文化。同时，在哈里发帝

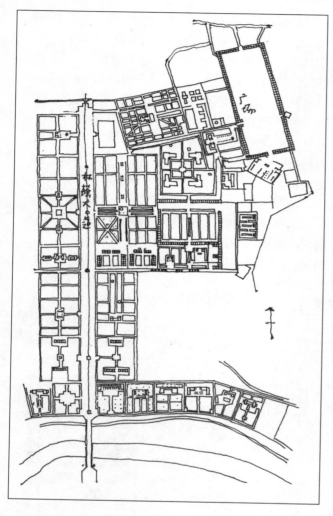

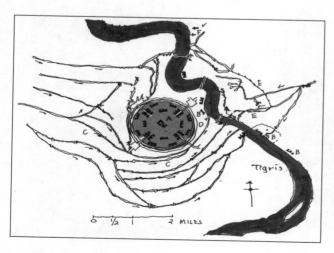

国自由思想的培育下，诞生了一所与希腊类似的哲学院。伊斯兰教的哲学家博学多才，他们对实用的事物：医学、农业、冶金、天文和动物学等等也不失兴趣。然而，广博的知识和经验并不只限于哲学家。波斯伟大诗人奥马尔·凯安（Omar Khayyam）就是一位数学家，公元1079年他还改革了历法。

伊斯兰教的传播

公元 600 年到 1000 年，伊斯兰教出现，穆斯林文化得以发展。与亚历山大一样，穆斯林征服了整个中东地区。阿拉伯语成为了该地区的通用语言，而文化上已几乎全部伊斯兰教化。军事扩张是传播伊斯兰文化的主要手段之一，早期大部分伊斯兰文化几乎都是随着战马飞扬的征尘播散到世界的每一个角落。伊斯兰文明的基础是前犹太教文化，它是波斯－美索不达米亚文明以及希腊－罗马文明的综合体。在穆斯林入侵中东之前，该地区由两大帝国分制。拜占廷帝国以君士坦丁堡为中心控制着地中海东部地区；萨珊王朝，以泰西封为中心控制着两河流域和伊朗高原。前者以基督教为国教，后者信奉琐罗亚斯德教。两者在对抗中两败俱伤，无力抵御强悍的阿拉伯人。由于拜占廷与波斯的战争，波斯湾与红海之间的商路受阻，麦加因此而成为交通枢纽。直到"先知"穆罕默德出现之前，阿拉伯半岛的宗教仍是多神教。

穆罕默德，生于 569 年，自信为先知。其教诲死后被记录成书，成为圣典。教育民众"顺服上帝的旨意"——伊斯兰。伊斯兰教讲"五功"：念功，即背诵"除安拉之外，再无神灵"；拜功，每日礼拜五次，晨拜、晌拜、晡拜、昏拜和宵拜（朝麦加方向）；课功，慷慨施予；斋功，在赖买丹月，斋戒禁食；朝功，如果条件允许，教徒一生应朝觐麦加一次。这个简明的教义很快变成了规范穆斯林社会行为的天启信条。哈里发作为世俗领袖，先知的继承人开始了征服战争——阿拉伯部落开始扩张。骑在骆驼背上的阿拉伯战士北上征战。公元 636 年击败拜占廷人，

2-19 伊斯法罕（较早有规划设计的花园城）的地形示意图。（上图）

2-20 伊斯兰城堡（巴格达花园城平面示意图）。（下图）

"沙漠风暴"卷入埃及与波斯。公元711年，穆斯林远征军穿过直布罗陀海峡，征服了西班牙，进入法国南部。715年，占领印度西北部的信德省。这个产生于荒漠的宗教集团在100年内已发展成了一个横跨欧亚的，西至比利牛斯山脉，东至信德，从摩洛哥到中国边境的庞大帝国。

早期，穆斯林在宗教上相对宽容，对其他教义只是略加限制。伊斯兰教允许基督徒与犹太教徒自持信仰，有权拥有自己的财产，也可以任公职。因此，在巴格达聚集了一批人才（特别是翻译家），并建设了图书馆、天文台和学校，供人们研究希腊、波斯、印度的哲学与科学。天文学的研究始终延续着，这给后来的欧洲文艺复兴学者提供了近900年的天文记录。阿拉伯人继承了巴比伦与印度的成就，使数学大众化。大数学家穆罕默德伊本还编写了一本代数课本，研究了三角函数。同时，在化学与医学上，穆斯林也有自己的贡献。当时的学者们翻译、保存了大量的希腊著作，这些作品甚至给文艺复兴的欧洲人也带来了巨大的帮助。

阿拉伯语言和伊斯兰教是这个世界的两条基本的纽带：统一的语言勾通了不同人种；而统一的教义为社会提供了行为准则，为伊斯兰的扩张提供了文化条件。

伊斯兰疆域的扩张

在公元1000年到1500年间，突厥人和蒙古人突然崛起。突厥人与蒙古人的轻骑先后踏遍了欧亚大陆。首先是作为阿拉伯王朝雇佣军的突厥人的兴起。突厥人用自己的战斗实力取代了波斯人与阿拉伯人，并皈依了伊斯兰教，控制了阿拉伯王朝。他们给开始衰弱的伊斯兰世界打了一剂强心针，并举兵击败拜占廷，同时，占领了印度斯坦。随着入侵活动的成功，伊斯兰文化也扎根于印度北部。公元1200—1300年间，蒙古人以少胜多，100年间控制了中亚、东亚、俄罗斯和中东，扼制了突厥人的扩张，建立了空前巨大的军事帝国。公元1300—1500年间，蒙古帝国瓦解，突厥人复兴，伊斯兰教的军事帝国再次进入基督教的欧洲和印度。

突厥人与蒙古人的侵略，使欧亚大陆各民族历尽战乱，也被动地接受了一次世俗文化的交流。15世纪后期，伊斯兰军事力量在欧亚大陆四处扩张，土耳其

2-21 伊朗中部的伊斯法罕王侯广场上的皇家清真寺。（上图）

2-22 萨马拉大礼拜寺的邦克楼。（下图）

奥斯曼人征服了中欧，中亚大部分地区皈依了伊斯兰教，而莫卧尔人已开始了对整个印度半岛的征服。在此基础上，伊斯兰教势力扩展到了西非与东南亚，以至地中海和印度洋几乎变成了穆斯林的内湖。

客观上，在亚欧大陆，不同地域的文化交流加强了。中国的文明，特别是四大技术发明伴随着成吉思汗与他的部下的征战，传播到了欧洲与中亚。欧洲的商人也将西方的思想带到了东方。这种在文化、技术上的交流为欧洲的文艺复兴文化的建设提供了丰富的营养。由于战乱，在广大的伊斯兰世界始终面临着十字军和蒙古人侵略的威胁。为了安宁只能求助于宗教，因此，伊斯兰经院哲学占据了统治地位，伊斯兰教从此失去了以往的适应性和不断改革的能力，因此也失去了自己的文化优势。

远在东方的中国，公元 1368 年，明太祖朱元璋推翻了元王朝的统治，中国人对蛮族也充满了防范心理，本能地加固了中国西北部的疆界。

清真寺与空中花园

除了两河流域一带的传统之外，波斯文化也部分为穆斯林所继承。穆斯林园林空间反映着狂热的伊斯兰宗教情感与冷静的逻辑哲学家的两种思维方式的兼容。前者在园林中保留了《可兰经》中的伊甸乐园的描述："乐园啊！在伊甸园的庇荫下，那里必将河水荡漾"。而后者以为：园林是瞑想、沉思、虔修与休闲的好去处。在园林里，人们身心松弛，思绪也从偏执中得以解脱。在伊斯兰的城市中，除了住宅和花园之外，还少不了膜拜者的聚集场所——清真寺。后来的穆斯林又在清真寺旁边添加了穆特拉斯赫（Medresseh）——清真寺附设的伊斯兰教研修和学习的场所。按照伊斯兰的信仰，清真寺的单体建筑并不奢华，只是利用穹顶，通过方圆联系来象征连天接地的建筑概念。城市和建筑物的布局与建造按照战略上的需要或其他实际功能实施。直到奥斯曼帝国时期，才出现了一些束缚较少的景观设计。

穹顶、尖塔和院落是伊斯兰建筑设计的主要因素。罗马人在圆形或八角形体平面上创造了穹顶。

2-23 麦加克尔白（Kodah），伊斯兰教的最高圣地。"麦加朝圣"（朝观镶在克尔白东墙的一块被认为神圣的黑石）是伊斯兰教的教例。至今每年朝圣者仍以数十万计。克尔白最初是一圈围墙，中有圣水，后经历代哈里发与苏丹扩建，成为现存样子。（下图）

2-24 耶路撒冷的奥马尔礼拜寺（688—692，又名圣岩寺）。大马士革哈里发时期两座最大的礼拜寺之一，相传穆罕默德"登霄"前曾在它的基地上的岩山上停留过，后乃在此建奥马尔礼拜寺。该寺布局属集中式。平面呈八角形，中央有一夹层的穹窿，直径20.6米。其格局说明早期的伊斯兰建筑主要是受拜占廷与叙利亚的影响。（对页图）

但是，简洁地将穹顶置于方形之上则是在萨拉维斯特由萨珊人最初实现的。拜占廷人和伊斯兰教徒同时挖掘了这一构筑手法的潜力：拜占廷人注重内部空间，低矮的穹顶支撑在无装饰的穹隅上；而穆斯林则注重外部形象，让穹顶"漂浮"于室内钟乳石状的穹隅上。这种错觉往往是通过扩大轮廓线的办法创造出来的，后来，穆斯林又采用融入蓝天的青绿色马赛克来强化这一错觉。塔由古代神塔发展而来，它是苏美尔传统的再现。伊斯兰教的建筑表达有一种非现实性，带有梦幻般的色彩。建筑墙面多采用二维的装饰，基于宗教的原因，墙面装饰排斥人形描绘，要么是砖砌的几何形，要么是重彩的陶瓷贴面或描以流畅的《可兰经》经文以及交织在一起的植物纹样或者复杂的钟乳石状。

由于战乱，13世纪时巴格达已成废墟。如今，除了有关巴格达的宫殿和花园的描写之外，什么也没留下。据说，那里的房子和花园仍旧是按照传统的方法建造，只是室内外空间的关系比以前更为密切，并设有欣赏景观的纳凉平台，兼有金银制机械鸟之类奇特工艺品。蒙古人入侵之后，景观上的创新转移到了奥斯曼土耳其人手上。土耳其人起用了拜占廷的工匠，发展并广泛使用了拜占廷低矮小巧式穹顶，建筑景观看上去就像是自由自在的蘑菇群，使人联想到游牧部落的帐篷。似乎是在布尔萨（Bursa）以及后来的君士坦丁堡，土耳其人有意识地把建筑布置在壮观的环境之中。在建立布尔萨两个半世纪之后，伊斯法罕的布局为一个自然景色环抱的城池。但是，当时城市绿化的概念尚不成熟，唯美是主导原因。有纪念意义的桥梁像触角一样伸向乡村。花园序列清晰，平面布置以伊斯兰特有的可自由增生的正方形和长方形平面构成；在城镇规划上，有时也避免了完全对称的布局。

2-25　西班牙科尔多瓦历史地区的建筑，公元 711 年，
阿拉伯人占领科尔多瓦城。公元 10 世纪，科尔多瓦进
入鼎盛时期，成为伊斯兰世界中著名的大都市。

第三节 伊斯兰作风在西班牙

自然和历史背景

可能由于战略上的原因以及气候与地貌的缘故，伊斯兰没有守住北纬40度的基地。安达卢西亚（摩尔人的西班牙）主要位于北纬38度地带，属地中海气候，有着比欧洲景色更富有变化的非洲风光。大部分土地荒芜贫瘠，但沿海一带以及江河流域却是植被繁茂。在安达卢西亚，主要的常绿树种是圣栎和橄榄树。由于摩尔人（Moor，指曾创造过阿拉伯—安达卢西亚文化的西班牙穆斯林居民及阿拉伯人、西班牙人的混血后代）引进了灌溉技术，瓜达拉科维尔（Guadalquivir）流域开始养育着大量的人口。夏季，这一带气候炎热，在塞维亚（Seville），最高气温可达摄氏46度，另一方面，格拉纳达（Granada）位于锡拉纳瓦达山（Sierra Nevada）的边缘，高山上的融雪使该地区水源充裕。在摩尔人征服时期，这里到处都是丰富的罗马文化遗迹，同时还有些由法国传来的西哥特人（Visigoth）文明的东西点缀。这些对于从未见识过规模宏伟的建筑工程的征服者而言，像高架输水道废墟这样的构筑物足以让他们叹为观止。

阿拉伯人在入侵占领了叙利亚之后，于公元640年又进入了埃及。60年后，他们已跨过南部地中海海岸线，到达了大西洋沿岸。出于猎奇与征服的本能，阿拉伯人把目光转向了北方的西班牙，而不是环境更为适宜的南方。公元711年，第一批回教徒跨越了直布罗陀海峡，催毁了西哥特人的抵抗，巩固了在南方的地位，随着大马士革的倭马亚哈里发王朝的灭亡，惟一一位逃出来的王室成员于公元750年被立为独立的阿尔埃特拉斯（al-Andalasia）的哈里发。此后，伊斯兰教的西班牙就按其自身方式存了下来。摩尔人使本地土著和新来的阿拉伯人结合成一个统一的整体，引入了新的耕作方法，其中包括灌溉技术，并且通过商业创造了新的财富。1238年，基督徒接管了摩尔人的科尔多瓦城（Cordova）。10年后，阿尔汉布拉宫（La Alhambra）城堡在格拉纳达作为摩尔人最后的要塞开始建造。1492年，在国王斐迪南（Ferdinand）

2-26 科尔多瓦历史地区的塔楼建筑。（上图）

2-27 科尔多瓦历史地区的古城墙。（下图）

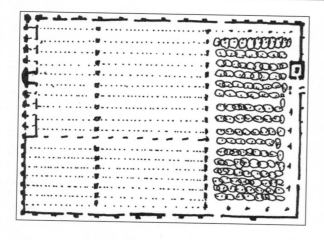

2-28 科尔多瓦清真寺平面图。（上图）

2-29 格拉纳达的阿尔汉布拉宫（又称红堡，1339—1390）内的"玉泉院"。格拉纳达山头上一组大宫殿中的一部分，为来自北非的柏柏尔人伊斯兰王朝所建。它主要由两个大院，玉泉院与狮子院组成。在建筑上极尽华丽之能事，其拱券的形式与组合，墙面与柱子上的钟乳拱与铭文饰都达到极高水平，是西班牙穆斯林建筑艺术的代表。（下图）

和伊莎贝尔（Isabella）皇后的支持下，基督教徒夺取了格拉纳达，而摩尔人最终也就被驱出了西班牙。

伊斯兰教的信仰及其固有的宽容性原封不动地传到了埃及和北非。虽然，回教徒和基督徒有直接的宗教抵触，但是安达卢西亚的基督徒还是允许他人按照自己的生活方式和习惯生存下去。不过，他们必须缴纳额外的税收。哲学和知识不受宗教的约束而蓬勃发展。科多瓦城成了主要的联系，通过这种联系，古典知识传播到了中世纪的欧洲；同时也证明了这种传播比依靠十字军或经由西西里从地中海传播到欧洲来得更为直接可靠。当时，哲学家阿夫罗伊兹（Averroes，1126—1198）与伊斯兰教正教和基督教教义相对立，提出了不依靠神的启示就可以证明理性上帝的存在。因此，他传播了亚里士多德的观点，翻译了亚里士多德的著作，而且他还预示了西方经院哲学家圣·汤玛斯·阿奎纳（St Thomas Aquinas，1225—1174）最有影响的观点。正宗的伊斯兰教哲学只满足于日复一日地享受人生的乐趣，包括其对园林的热爱，这样的人生哲学轻而易举地为早期的意大利文艺复兴思潮所融合。然而，在阿尔卑斯山北部，神权统治着的欧洲人仍然认为：人们必须在人世间禁欲，以便死后上天堂。

虔修者的花园

发源于中东地理环境中的形而上学的设计理念，适应了安达卢西亚的新环境。在沙漠中，天空具有主导控制的地位，象征最终形式化为穹顶。然而，在西班牙，天空的地位相对来说没有在中东那么突出，因为树木繁茂的环境把人们的注意力从上苍的浩瀚与威严那儿转移到了地上。在这里，尖塔代替了穹顶。塔的内部看上去像是一座深邃的山洞，寒冷阴森。在内部庭院设计上，空间想象上已超越了封闭的围墙，与外部环境相互协调而非相互排斥。甚至在今天的科尔多瓦大清真寺内，人们还能体验到这种室内外空间相互交织的神秘莫测的氛围。在阿尔汉布拉宫的狮子院中，最终达到的成就是墙和屋顶的淡化，或者说园林构件化（非物质化）。一些摩尔人的精神也渗入了西方中世纪的艺术之中。这种思想观念的传递与演化在塔拉哥纳（Tarragona）可以见到。在基督徒那里，方形的波斯伊甸乐园被改头换面，变成了由基督教修道院、大教堂和大学院长方形院子组成的供修士们沉思默想的虔修花园。

瓜达拉科维尔（Guadalquivir）流域有相当多的宫殿、宅邸和园林。在科尔多瓦（Cordova），富人的住所常由一个或多个院落构成，这样的建筑复合体由高高的围墙围合，室外院子内隐约闪现着水面、喷泉和绿化。铺装良好的街道是建筑组团之间窄小阴凉的空间，少有僵死或者完全平行的建筑界线。400 座清真寺打破了城市轮廓线，使之富于变化。光秃秃的四合围墙整个地把大清真寺围合起来。大清真寺由神秘而林立的柱子支撑，柱子支撑着马蹄形的拱，这种型制可能起源于罗马遗风。但是，从柱子复杂的视觉效果来看，它们似乎暗示着摩洛哥的棕榈林。这种手法继续延伸至毗邻的天井院落，在那里，柱子用树代替。相似，在阿尔汉布拉要塞内，暗示其历史渊源的是陶土铸成的砖块、木料和有着雕刻的建筑，它使人联想到沙漠游牧族文化的存在，联想到帐篷、凉亭和具有复杂岩壁和藻井的深邃而阴凉的洞穴。

在阿尔汉布拉宫外壳之内是精美的室内空间，其空间关系好像是伊斯兰所特有的。按罗马传统，阿尔汉布拉宫的平面布局并不统一，然而，对于伊斯兰教徒来说，全局的对称，常常被看作是对真主安拉的不恭，会令真主生气。显而易见，其整个复杂的空间构成单纯地基于两个对比的形态，即大使厅、石榴院和狮子院。空间本身具有一定的数字比例，符合人体尺度。只要是可能的地方，内部空间本身均通过防御墙引入了外面的乡村景色。后来，莫卧儿人在德里（Delhi）和阿格拉（Agra）的城堡建筑中，也非常成功地发展了这一观念。作为避暑行宫建在防御墙下面一块开阔空地上的格尼拉夫（Generalife）与内向的阿尔汉布拉宫的室内恰恰相反，它的园林是住宅建筑的延伸，沿着渐渐远去的景色，平缓而舒展地展现在人们的面前。而这种外向性设计的特征正是意大利文艺复兴时期山地别墅的前兆。

2-30　格拉纳达的阿尔汉布拉宫中的"狮子院"，内有 124 根纤细的白色大理石柱，支撑着周围的马蹄形券回廊，墙上吊满精雕细镂的石膏雕饰，中央有一座由 12 头古拙的石狮组成的喷泉，水从狮口喷出，流向周围的浅沟。

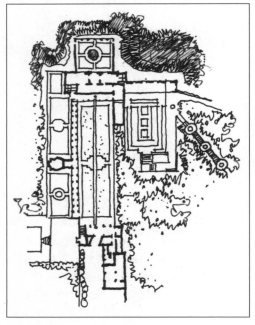

2-31 格拉纳达的阿尔汉布拉王宫的一隅。"阿尔汉布拉"的意思是红色的城堡，因为它是建在红土山坡上的，又是用红土构筑城墙的，王宫是阿尔汉布拉建筑和装饰艺术的突出代表。王宫有四个主要院落，各院落之间有走廊相连。（上图）

2-32 西班牙的格拉纳达(Granada)的传统庭园。（下图）

2-33·印度泰姬·玛哈尔陵，建于1654年，陵墓继承了左右对称，整体谐调的莫卧尔建筑传统，并受到波斯建筑的影响。（对页图）

第四节　莫卧尔人的环境艺术

莫卧尔人的帝国

公元1219年，从阿尔泰山脉到战乱纷飞的亚洲，都出现了蒙古游牧民族，他们在成吉思汗（Genghis Khan）的率领下，创建了一个从中国海一直延伸到第聂伯河（Dnieper）的帝国。由于蒙古人没有自己固守的文明，其中的一支就很快接受了伊斯兰教信仰。在14世纪，帖木尔（Tamberlane）这位最早进入印度的蒙古入侵者建立了他的首都：撒马尔罕（Samarkand）。这座城市和波斯的建筑园林属于同一个时代。帖木尔的后代巴卑儿（Babur，1483—1530）由此再度入侵印度，建立了莫卧尔王朝，并于1526年建立了他的都城阿格拉（Agra），巴卑儿的孙子阿克巴（Akbar，1542—1605）逐渐向外扩张，在印度巩固了莫卧尔帝国，事实证明了他是一个伟大的统治者之一。

莫卧尔人主要关注印度的两个地区：一个是在纬度28度的阿格拉/德里（Agra/Delhi），另一个是在纬度35度的克什米尔溪谷（the Vale of Kashmir）。阿格拉位于朱木纳（Jumna）河畔，在德里南部110英里处。此地属热带气候，六月至九月有季风，三月至六月酷热。其自然景观平淡，缺乏特色，除了朱木纳河之外，到处都是满布树木的丛林。莫卧尔人入侵的时候，这一带以及克什米尔主要属于印度教文明，其中也散布着一些来自先前侵入的伊斯兰教文化。克什米尔溪谷占地范围约80英里×30英里，整体位于喜玛拉雅山脉之中，

北距德里城约500英里。德里北部的气温多变，而克什米尔溪谷则气温恒常，土壤肥沃，四周的雪山为之提供了充足的水源，而且又抵御了季风的影响。在溪谷之中，特色树种是梧桐、白杨、柳树，此外还有一些果园；沿等高线分布的一片片稻田水面，进而丰富了这儿的景色。在这一带的城镇和乡村，本土的印度教建筑总是处于重要的位置，显得极其突出。

阿克巴给印度带来了一个社会的图景，在这个社会里，理性将超越玄念和情感，他还创造了一种市政服务，这种市政服务后来为英国人所采纳。他的儿子吉赫格尔（Jahangir，1569—1627）继承了巨大的权势和财富，藉此满足他对景观设计的迷恋；而他的孙子沙加汗（Shah Jahan，1542—1666）则喜欢建筑设计和营造，这包括他在德里和阿格拉设计建造的宫殿和泰姬·玛哈尔陵（Taj Mahal）。虽然，最后只有阿拉格伯（Aurangzib，1618—1707）对克什米尔进行过一次巡视，但对于这六位大帝来说，克什米尔对他们的诱惑始终难以抗拒。

在13世纪蒙古人向西扩张之前，他们是处于艰苦环境中的游牧民族，他们生活在帐篷之中，并且只依靠牲畜的奶制品和肉类维持生存。雪溶冰消之时，为了夏天的牧场，他们向北迁移；寒冬来临之际，为了冬天的牧草，他们又向南漂泊。他们的宗教是原始多神教。这些严酷的条件不仅从中国学来了无与伦比的战斗器械运用技艺，而且还相继产生了跨越几个世纪的凶残首领。蒙古人的组织能力与其非凡的军事能力是相匹配的。他们的足迹遍及了亚洲一些最为荒凉，而且是景观最为变幻莫测的地带。当他们证明了多神教不能适应新的环境时，他们就坦然地采纳了征服地的伊斯兰教教义，包括伊斯兰教的文化。300年以后，莫卧尔帝王从祖先那儿继承下来的对旷野和天然景观的本能热爱。他们在理智上注重寻求宁静，而这种宁静则是以建立的各种秩序为基础的。他们全神关注的是现世及来世的永存，并坚持不懈地探索如何才能完美地达到

2-34　泰姬·玛哈尔陵的清真寺。（对页）
2-35　印度德里的清真寺（Quawat, Islam mosque, Delhi, India）。

这一目的。

尘世间的伊甸乐园

莫卧尔人景观的三个主要组成部分是：阿格拉／德里的建筑群；通往克什米尔的帝王巡游沿路景观；以及克什米尔本身的景观。第一个组成部分是帝王的行政管理中心，它由巨大的红砂岩城墙和位于基座上优雅的白色大理石建筑以及永远纪念帝王的宏伟壮丽的陵墓组成。第二个组成部分是人数多达五万余人的气势雄伟的帝王巡游，形成了营地直达喜玛拉雅山的"长城"，一个通往克什米尔的山道上的壮观气势。第三个组成部分代表着个人在尘世间幸福目标的实现，在克什米尔的沙拉姆·巴格（Shalamar Bagh）陵墓的铭文就象征了这种愿望"如果尘世间有伊甸乐园，那么，它就在这里。"虽然，旅行巡游只是对于游牧生活方式的一种回归，但在阿格拉和克什米尔，这些遗迹却有深远的研究价值。莫卧尔人的建筑象征性表达基本上是通过圆形、八角形和方形的相互空间关系来体现的。

与莫卧尔文明的其他部分一样，其建筑发展首先受到了波斯文化的直接影响，其次也受到了比印度更早的伊斯兰教建筑的左右。阿克巴（Akbar）则讲求了印度教特色，赋予印度教以一种不朽的意义，而这正是伊斯兰教的波斯人所故意回避的。现存主要的作品都是帝王陵墓和城堡宫殿。陵墓在帝王的有生之年建成，作风明朗。在萨卡达罗（Sikandra）的阿克巴陵墓的轮廓就给人一种欢快的印象，陵墓上部是假墓，材料为白色的大理石，真墓设在地下层。城堡宫殿由一座综合体和处理精妙的一系列建筑院落组成，院落沿城墙布局，用来调节空气和组织景观的观赏。

而泰姬·玛哈尔陵的建筑则包含着更复杂的隐喻，它是世界上极为珍贵的象征主义杰作。当封闭式的几何形花园成为了传统到处重复时，难免产生单调感。而扩大了的景观概念则更新颖、更有意义。莫卧

2-36 阿格拉古堡（局部）莫卧尔王朝第三世皇帝阿克巴（1556—1605年在位）以阿格拉珠穆纳河西岩山上的城堡为国都。因城门和城墙都是用赤砂岩石建成，故称为"红堡"。

尔人利用梧桐大道联结阿格拉和克什米尔；在阿格拉，让泰姬·玛哈尔陵静谧地躺卧在天国与尘世之间，总体由在陵墓一边的伊甸乐园和另一边的珠穆纳河组合，形成了一组理性但是极为自然的景观中心。与泰姬陵相对，沙加汗用黑色大理石设计了他自己的陵墓，并且用一座桥将两个陵墓联结了起来。

与泰姬陵的景观形成鲜明对比，在克什米尔，景观则是世俗性的，并且被转化成为莫卧尔欢快的水景。花园主要建造在低矮的山坡上，四周群山环绕，泉水淙淙。由于地势不规则，因此，花园趋向于打破传统平面布局，开发利用了瀑布并俯瞰克什米尔溪谷的景色。不过，沙拉姆·巴格的陵墓是个例外，它忠实地保留了传统的围合式方形平面与宁静的格调。

2-37 特达古城的石造建筑遗址。位于巴基斯坦信德省内，印度河畔，是典型的莫卧尔文化的遗址。（上图）
2-38 阿格拉伊蒂马乌道拉陵。始建于公元1622—1628年。莫卧尔帝国萨里木－沙加汉时期。印度伊斯兰混合式陵墓建筑，是莫卧尔帝国建筑典范。（下图）

第三章　古代东方与前哥伦布美洲的环境设计

　　本章所论述到的东方文明包括古代印度、中国、日本。而前哥伦布美洲则主要是指哥伦布发现美洲大陆之前，墨西哥、秘鲁等地区的环境设计与文化的发展。

　　古代的印度和中国由于天然屏障几乎是互相隔离的，彼此的文化联系由佛教徒穿越崇山峻岭渗入中国而建立。印度文明基于一个大半岛，思想基础是各种宗教，其中印度的部分地区，主要是曾经由莫卧尔人占领并建立过帝国的地区，更多地是受到伊斯兰教的影响，其发展也应当归入伊斯兰文化的范畴。故该部分地区的环境设计历史已经在上一章的有关伊斯兰的环境设计部分论述了。

中国文化的发生与发展是基于亚洲内陆，中国文明的思想基础则是与现实生活联系得更为密切的儒学，其中也包括受之影响的东亚，特别是日本。而前哥伦布美洲文化一直是完全独立发展的。长期以来，虽然东方与西方之间已经有了一些间断性的接触，但是，直到大约公元18世纪以后，人们才开始意识到：在不同文明之间可能有一种互补、互动的作用。但是，由于在种族、文化上存在着不少差异，加上西方文化后来的迅猛发展，造就了欧美文化在近、现代史上的特殊地位，史学研究上难以避免地出现了一种"西风压倒东风"的现象。客观上，这种史学现象对于人类环境设计文化的研究带来了很大的负面影响。

3-1 印度尼西亚的婆罗浮屠（Borobudar 意译"千佛坛"，8—9世纪），位于印度尼西亚爪哇岛中部。相传里面埋有释迦牟尼的佛骨。它是以凯达乌平原（Kedu plain）中部的一座山体为原型而创造。当朝圣者攀缘登高时，他就经历了人生的全过程，从出生到死亡，以至超越形态思想，虚空和至高无上的天国乐土。

第一节　神灵与景观

——古代印度的环境设计

印度古代文明的渊源

印度不仅是一个幅员广大、居民稠密的地区，而且有着许多不同发展水平的文化，不同的宗教、语言和经济条件，它的历史也极为复杂。居民中包含了人类所有的三大人种（即黑种人、黄种人和白种人）不同组合、不同比例的混合类型。在地理上，印度可分为两大区域南部的半岛部分，称为德干，完全处于热带范围；北部的大陆部分称为印度斯坦，气候从热带的炎热逐次进入北部高山的严寒。印度境内的两大水系——印度河与恒河周围的地区是印度古代文明的发祥地，印度文明的几个最有影响的中心都坐落于此。

印度河流域文明是世界上最早的文明之一，其成就可以与埃及文明与美索不达米亚文明相比。1924 年印度河峡谷中古代城市的发掘揭示了印度早期文明的许多费解之谜。大约公元前 3 世纪之前，人们就居住在经过规划的城市之中，建筑是用太阳晒干的泥砖筑成。

史前，海洋将印度和亚洲大陆分隔开。印度大陆块向北方移动，与亚洲大陆块撞击造成了喜马拉雅山脉的凸起，形成了印度与亚洲大陆之间难以逾越的障碍。历史上，古印度社会发展较早，也比较封闭，与亚洲国家往来极少。惟一的陆上通道是西北部的伊朗高原，由此得以接触并吸收外部文明，逐步从北纬 32 度到赤道周围的岛屿发展了该地区的文明。北部平原有季节性的雨水灌溉和融雪汇集成的河流提供必要的水源。印度半岛的核心部分是大约 2 000 英尺高的花岗岩高原。这里的自然景色由山峦、岩石、河流以及动植物丰富的大森林构成。在平原地带，由于气候炎热，野生花草不多，但是，根系发达的树木比比皆是。

公元前 3000 年以前，起源于印度河流域的文明很可能与美索不达米亚有所接触。莫亨佐达罗（Mohejadar 公元前 3000—2000 年）与哈拉帕（Harappan）遗址是

3-2　树根下的寺庙，柬埔寨吴哥窟。（下图）

3-3　桑奇大窣堵坡（Great Stupa，Sanchi，公元前 2 世纪）由原建于阿育王期的一座砖砌窣堵坡（Stupa 埋藏佛首的地方）扩建而成。体现了印度婆罗门的思想概念。中部的实心半球象征着天国的穹顶，天国围住了尘世之山，即须弥山。（对页图）

印度古代城市文明，又称为"印度河"文明注释。这个文明与来自里海区域的雅利安（Aryan）文化对于印度本土文化的冲击有关联。公元前2000—500年是所谓"吠陀"文化时期。它以婆罗门教（印度教的前身）的"吠陀经"而得名。公元前327年，亚历山大率希腊人入侵印度，未久留就全部撤退。新的孔雀王朝的第三位皇帝阿育王（Asoka，公元前272—232年）统一了印度的大部分地区。打够了仗，阿育王改邪归正，厌恶战争，投身佛门，提倡佛教。此后，宗教控制了印度文明。然而，这种宗教的控制不能代替良好的政治，国家仍然处于动荡不安的状态。印度的佛教影响波及到了锡兰（斯里兰卡）、柬埔寨、缅甸、泰国、爪哇等东南亚国家，并通过这些地区渗透到了中国。公元1175年，穆斯林入侵印度，1526年，莫卧尔帝国建立。17世纪，东印度联军取得了在印度的控制权。大英帝国于1757年在此建立了殖民地。直到1947年，几经磨难，印度人才争取到了独立。

丰厚的自然资源决定了古代印度人特定的生活方式；花时间去沉思，饶有兴致去创造可见与冥想不可见的世界。从雅利安人入侵到孔雀王朝之间的这段时间，印度的宗教与哲学逐渐影响了整个亚洲思想的发展。雅利安人来自于相对贫瘠的地区，他们"营造"了天国和天上诸神的抽象理念。他们信奉地灵、守护神以及人性化了的自然生命（树木、精灵、温泉、水源、动物与植物）。印度教教义是这两种宗教思想的极其巧妙的结合，用动物形式的转世来代替邪恶的世界；通过修炼，进入一种永恒的状态和美好的世界。出淤泥而不染，美丽而纯洁的荷花就成为这个美好世界的象征。佛教继承了印度教的轮回说，创立于大约公元前6世纪中叶。其教义主要是些伦理道德说，极力主张人类以自我节制的生活方式，虔修冥想以至涅槃。超越人之本体，达到的是臆想中的出神入化、超凡脱俗的境界。

3-4 印度埃罗拉石窟群，位于印度马哈拉施特拉邦，石窟群共有34座石窟，开凿年代约在公元5—13世纪。石窟的开凿经历了佛教、印度教与耆那教的兴衰，是印度最有代表性的宗教建筑之一。（上图）

3-5 埃罗拉石窟内的舍利佛塔。（下图）

湿婆的神殿——印度宗教建筑与环境

在这个国度里几乎没有世俗的纪念物，所有的纪念物几乎都是宗教性的，有象征意义的。可以说这些构筑物是那个不可知世界的物化，是对于本土宗教思想与雅利安哲学的建筑表达：对于生命的理解与对数理逻辑的思考。

南方的达罗毗荼人对自然观察则是敏锐的，他们试图通过雕塑来表现潜在于生命中的超然力量。而雅利安人则从另一方面关注宇宙的秩序和神秘性：宇宙的象征是圆，物化了的现实世界的象征则是方。雅利安人把须弥山看成世间的擎天柱，由之而定东西南北。这种认识的表达是山上刻满了植物与动物图案石头神庙——印度宗教建筑艺术的原型。这种形式在爪哇的巴拉布德（Barabudur）的佛教建筑中达到了登峰造极的地步：一个由石头建成的曼佗罗（Mandala），一种人类由此走向永生的隐喻。

世俗生活被轻视，世俗建筑不可避免地被忽视。巴塔利普脱（Pataliputra）巨大的宫殿和花园只是再现了波斯人的影响。建筑艺术似乎只为宗教而存在。虽说某些建筑型制与木构不无关系，然而，大多数建筑是石构。这些建筑相当雄伟，如群山矗立或直接从岩石上雕刻出来。其中最有代表性的是位于印度哈拉施特拉邦的埃罗拉石窟群。埃罗拉石窟群共有 34 座石窟，开凿年代约在公元 5—13 世纪。近千年的漫长时间内，石窟群经历了佛教、印度教和耆那教的兴衰，各个时期都留下不同的代表作品。埃罗拉石窟群的建造形式十分独特，有的是在岩石中整个开凿成一个独立的院落，有的则开凿成上下两层。石窟内所有的石柱和柱脚都刻有精美的雕花图案，风格各异。这种用雕刻方式构成的建筑形式，表达了印度民族对空间的独特的认识，用这种空间来供奉印度教的神灵——湿婆，也是一种近乎狂热的宗教虔诚。

整体上讲，这些建筑从比例到细部，都受到一定的数理逻辑控制。虽说建筑中充满了独创性和精湛的手工艺，然而，建筑艺术在这里几乎是无视常人个性。对印度人来讲，他们所追求的是建筑的象征性而不是个性或某种下意识的个性表达。这一点在巴拉布德佛

3-6　菩提伽耶寺入口（Bodh Gaya, Maha bodi Temple）。原建于 4 世纪，现存者重建于 19 世纪。建于相传释迦牟尼"悟道"处的一座金刚宝座式寺院，建于一大基座上。塔身呈方锥形，下大上小。（上图）

3-7　印度阿旃陀石窟中的卧佛。阿旃陀石窟是印度古代的佛教徒开凿出来的佛殿和僧房。（下图）

寺表现得很清楚：朝圣的路线从世俗的方形开始螺旋上升到那个象征天国的圆形，并且继续上升到了上部崇高而空旷的露台。在那里，端坐着超越世俗而置身于极乐世界中的菩萨。俗人所受用的生活空间自然就显得极为次要了。然而，山脉和丛林构成了印度宏大自然景观。人们创造的精神纪念物给这片土地注入了生机和内在含义。在早期的印度教花园中，据说也有景观设计，只是实物无一幸存，无法考证。在史诗《摩诃婆罗多》（《Mahabharata》）中有这样的描绘："花园中回荡着孔雀与布谷鸟的歌声，有无数的葡萄架、迷人的山丘、清波荡漾的湖泊，漂浮着荷花与睡莲的鱼池，其间，水禽嬉戏、欢歌。"当莫卧尔皇帝巴卑儿用水利灌溉之便而规划设计了第一座园林时，在印度本土景观之上强加上了一个外来的环境设计观念，从此，人与自然之间在这里建立了一种新的联系。

3-8 桑奇大宰堵坡的石门（约公元1世纪末），在宰堵坡原有的四个基本方位上，加上入口，各有个石门，高约10米，面朝正方位。石墙和门的形式反映了木结构的传统。（左上图）

3-9 印度克久拉霍寺院群，位于印度中央邦。约公元10世纪建造。（右下图）

3-10 戈纳勒格的太阳神庙基座上雕刻的车轮，始建于1250年，以太阳神驾驭马车驰骋天际的造型而著称。（对页）

第二节　从农夫的天地到文人的归宿
——古代中国的环境设计

3-11　长城。（对页）
3-12　河北承德普宁寺大乘之阁。（上图）
3-13　秦始皇陵兵马俑坑（公元前247—208年）。（下图）

自然与历史背景

中国位于北纬20度至40度，面积约为960万平方公里，西有喜马拉雅山脉为屏障，东、南部有水域与外界相隔，只是北部缺乏自然屏障，难以防御外来入侵。长江、黄河由西向东穿流而过。中国北部有开阔而干旱的平原；中南部有湖泊、自然水网以及部分易遭洪泛的土地；南部则地势起伏，丘陵与山脉延伸到亚热带地区。六月到八月，东南沿海的季风带来了雨水，控制着中国大部地区的湿度与气温。大部分地区冬天寒冷而干燥。这里，原始森林茂密，花草繁盛，植被丰富为世界之首。自古以来，中国农业发达，谷物有两季收获。天恩地予的现实感受决定了中国人的思维与哲学。

中华民族的文化于公元前3000年左右在黄河流域孕育并成熟，上下五千年间，这一文化始终保持自己蹒跚而未中断的前进步伐。公元前6世纪，中国与希腊同时在思想和哲学上达到了极盛时期。公元前221年，中国统一。家族单元是社会稳定的基础，而社会则由小业主和商贾构成，其间，没有世袭的贵族，只有皇帝是至高无上的。有史以来外来的征服者总是被本土文化同化。通过丝绸之路，公元前5世纪的中国就开始了与西方的接触。约公元前200年间，中国汉朝的人口已超过罗马帝国的人口总和。中国的技术先进，宫廷建筑浩大。公元1127—1279年，南宋建都临安（今浙江杭州），马可波罗曾把临安城描绘成"是世界上最大而最美丽的城市"。公元1288—1368年，忽必烈入侵中原，建立了蒙古王朝，迁都北京，直到明（1368—1644）、清（1644—1912）北京一直为各朝都城。

中华民族热爱土地，视自己如同大地上的一切造化。因此，中国人供奉祖先，热衷于传统，讲究自然风水。孔子（公元前551—前479年）的哲学与伦理学（而不

是宗教）成了中国人的基本思想。与孔子的思想平行发展的还有老子的哲学。而后者对于绘画和景观设计的影响是全方位的、深刻的。佛教于公元7—9世纪在中国达到了高潮，并伴随着中国文化流传到了日本，促进了后来的日本文明的发展。

几千年来，由于特殊的地理位置和社会结构，中国与世界的其他部分几乎一直处于隔绝状态。幸运的是，这个庞大的国家拥有足以供自身的生存和发展所需的自然资源。尤其是在黄河流域和长江流域，那里有大片肥沃的农田，华夏文明就诞生在那里。从南到北，气候由亚热带变为温带乃至寒带气候。除了西北部的高原和沙漠，农业生产在中国的绝大部分地区很早就已经开始了。早在公元2世纪（三国时期），长江流域就已是中国最富庶的地区。

华夏文明是世界古代文明中延续至今的惟一的一支，它有着明显的双重性。几千年以来，华夏文明的延续和发展几乎不与外界发生任何沟通关系。依靠代代相传的传统，它发展出了一条相对独立的

道路。一方面，由于它独特的地理位置和生活方式，在保证一定的个性特征的同时，文化也能够做到凝聚和发展；另一方面，它的守旧的本质给后人带来了极大的麻烦。中国在公元前8世纪就脱离了奴隶制社会模式，华夏先民良好地发展了作为基本求生方式的聚居生活模式和原始农业。原始农业促进了耕作实践，例如作物分类、筛选种籽、划分耕地、安排耕期等等。分类法和信息贮存成为氏族社会之后的社会模式最重要的特征。在分类的过程中，人类终于建立起理解和处理外部世界的具体方式。

捕猎和采集劳动是原始人类生存的基本手段。它们的区别在于前者的行为特征是寻找、探索、征服，而后者是收集、选择、积累、适应。所以，中国人的意识里，世界万物是相倚相辅的，并且受到认识范围之外的自然力量的控制。如果"天公作美"，风调雨顺，人们的生活就会顺利得多。同时，这种对于自然力量的崇拜也奠定了中国的神学基础。人们对生活的最可靠的认识来自于前辈的经验，因为

3-14　嘉峪关城楼（明代）。

它们经受了时间的考验。学习传统从而成为一种必要和有效的生活途径。而与此同时，探索的机会也因此而不断地减少。强调继承和关联的传统在此产生出关于延续性的普遍意识；对一致性的要求被赋予了比发展和深入分析要求更高的价值。因此，将各种行为纳入一个更大的生产性系统中就需要建立一种统治性的秩序，它决定着各种不同社会单位之间的有机联系：从单一家庭到宗族，从民族到整个国家。秩序、等级、标准化和人际关系的概念成为理解社会结构组成和生活方式的关键。

古代中国的哲学、伦理与宗教观念

公元前 7 世纪左右，中国的社会体制开始由奴隶制向封建制度转变，新的社会体制的建立巩固了当时的社会结构。社会生产力的发展对哲学提出了新的要求，新的生产关系要求一种总体上的更为体系化的解释，尤其是对人与自然之间关系的解释。尽管古代中国人缺乏关于自然的足够认识和体验，他们还是以朴素的智慧将客观世界表述为"五行"所组成的体系，它的运动遵循阴阳之道。这就是中国哲学的起点：它建立在中国古人的经验和想象力的共同基础之上，并由智慧的光辉完善的。在中国古代，关于宇宙的本原有着许多种解释，其中最有影响力的是老子的道家思想，它一直影响到了整个远东地区的哲学思想。老子哲学认为，道是万物之本，不可以常言道之；"道常无名"，并且永远处于运动之中，是世界万物永恒的真谛，宇宙运动的根本法则，而其自身始终保持着独立性：

"有物混成，先天地生。寂兮寥兮，独立而不改，周行而不殆。"

尽管"道常无名"，它还是在沉默中创造了复杂的物质世界：

"道生一，一生二，二生三，三生万物。"

另外一种含蓄的说法是："天下之物生于有，有生于无"。"无"的概念看似神秘，但它对设计哲学来讲非常重要。老子的这一重要思想引发了后人无穷的思考。

但是，人的体验本身要比以上那些抽象的概念模型丰富得多。早在战国时期（公元前 475—前 221），一批研究"五行"理论的哲学家将"五行"与"阴阳"结

3-15　中国四川乐山大佛。（上图）

3-16　秦阿房宫图（摹自明画）。（下图）

59

3-17 河北秦皇岛山海关"天下第一关"城楼。（上图）

3-18 甘肃嘉峪关明代长城。（中图）

3-19 包头广觉寺外观。（下图）

3-20 中国唐代龙门石窟奉先寺外观。（对页）

合了起来，认为：五行在阴阳系统的支配下构成了物质世界及其变化的真正基础。他们还将这一观点扩展到对人生的认识，相信自然现象和超验现象是互相影响的。因此，在人天互相作用的意义上，哲学与现实人生之间产生了直接的联系。在许多个世纪以来的强大的传统影响之下，中国式的思维方式表现出清晰的脉络：尊重体验，研究过去从而把握真理，介于科学与神学之间的立场，伦理结合美学。

然而，中国园林设计的源头却来自于一个关于海外仙山的神话故事。

在中国，有意识的景观设计来源于长生不老的梦想。据说长生不老的灵药是由仙山上的奇花异草炼制而成的。因此，"海外仙山"的模式是这类人工环境的原型：通常在中央有一个池塘，象征着大海，在池塘中有三个小岛，象征了海外三座仙山：蓬莱、方丈和瀛洲。这种布局是中国园林最早期的也是最基本的模式。

在中国哲学史上，孔子（前551—前479）创立的儒家一直以来占据着正统学派的地位。从根本上来讲，儒家思想是关于齐家治国平天下，在混乱中建立秩序的理论，表现了一种对待人生的积极态度。儒家信奉人类的命运掌握在天的手中，而天与地的和谐建立在一种与人类社会生活平行的完美秩序之上。在这里，"天"是一个模糊的概念，它可以被看成一切力量的源泉：一种自然力，但同时又与我们的生活有着密切的联系。用一个字来概括孔子的哲学：仁。他的方法论，则可以概括为中庸之道。什么是世界的本原？孔子对此没有给出具体的答案。孔子只是说：仁者乐山，知者乐水。孔子真正感兴趣的不是自然，而是社会生活。他的哲学是实用主义的，可以称之为行为伦理学。由于他的思想在中国的巨大影响，我们能够轻易地在任何设计作品中发现它的存在。在中国的城市规划、房屋设计甚至室内设计中，作为指导性思想的都是儒家的思想。例如，北京和南京的城市空间秩序，任何中国历史古城中的民居形式，紫禁城具有代表性意义的室内设计，甚至在苏杭的私家园林中那些"自由风格"的建筑。所有这些典型的中国形式都与孔子的政治和哲学准则相关。这种强大的影响力也不可避免地波及到土地的使用、景观设计和造园领域。

然而，儒家思想并没有对认识自然、美学和园林设计作品作出更多的贡献：对中国园林设计哲学更为重要的是道家和禅宗思想的影响。中国园林中众多的建筑物倒是起因于儒家思想的影响。使用这些园林的士大夫及其家庭对空间的秩序有着很高的要求，即使在园林中他们也不能放弃对社会情感的依赖，这种社会情感导致了园林的建筑设计而不是景观设计，在中国任何一处园林中都可以看到这一点。作为古典遗产的一部分，园林设计中的这种强烈的建筑倾向塑造和影响了后代的设计实践以及设计教育。儒家思想强调了入世的重要性，作为社会存在的一分子，人应当融入家庭和社会，在社会结构和礼教秩序中找到适当的位置。因此，古代园林的设计反映了对社会意义、等级秩序和礼法观念的理解。在此意义上，儒家思想为园林设计行为提供了一个完全理性的理论基础。从而我们很难肯定一个沉溺在社会生活之中的儒生会对自然有深刻的理解。儒家思想对园林设计最根本的影响在于提倡营造一个"世俗的气氛"。我们如何评价儒家思想的影响呢？既然园林是为人设计的，为什么要避免世俗品味呢？并且，我们也很难清楚地界定园林中的哪一部分是受儒家影响，哪一部分又是由别的"家"影响。然而，在研究传统思想对园林设计的影响之时，我们必须明确它们所追求的生活品味，遵循的秩序和在这种秩序之下对自然美的认识程度。

佛教信仰在中国至今仍广泛地流传，但这已经是一种以中国方式改造过的宗教信仰，而不再是它在印度时的本来面目了。禅宗的基本观念在于放弃传统的宗教仪式，取而代之的是通过沉思默想来达到开悟，以至于达到无上之正等正觉。禅宗旨在"直

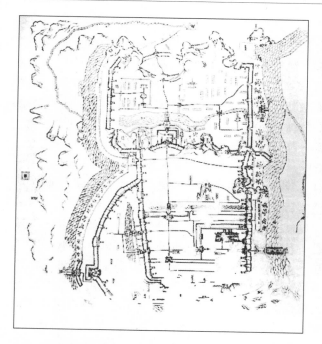

指人心，见性成佛"。与印度佛教严格的戒律相反，禅宗对佛教徒的约束是非常松散的，并且给予现实生活一定的重视。禅宗认为：心即是佛，只要心中有佛，对现实生活的乐趣进行约束也没有必要。置身于现实生活之中，体验与自然接近的愉悦正是禅宗的境界。因此，禅的概念似乎是专门为那些既热爱现世又向往来生的人设计的。所以，禅宗在中国以至整个远东地区得以广泛地流传。禅宗为佛教与适意的生活方式的结合提供了切实可行的途径。自从唐代，佛教由中国传入日本之后，禅宗思想在那里比在中国还要受欢迎，禅宗广泛而深刻地影响了日本的哲学、绘画和造园艺术。西方的理论家和景观设计师也经常性地研究禅宗思想，其中的原因也许在于，中国的道家哲学通过禅宗而得到发扬光大。

3-21　静江府——中国古代山水城市。（左图）
3-22　云岗石窟大佛。（下图）

3-23 北京故宫三大殿俯瞰。

古代中国的环境设计观念

在传统的中国园林中，几个重要的构成要素是：山、水、植物和建筑。人类的存在渗透到山、水、树、石的存在之中，并且通过对环境的优化，表达出自己的情感和智慧。在山水画理论中，石（或山）被认为是云的根脉所在，维系天与地。无论是放置在厅堂之前，还是窗下水边，它的作用是在自然与人工因素之间构成空间上的联系。作为一种垂直方向的构成元素，它引导向上的视野，并丰富了园林中的光影变化效果；作为屏障，它又起到了分隔空间的作用；作为独立的物象，它是抽象雕塑，形式与肌理和变化吸引着人们的目光。依据同样的原理，在中国园林中反复出现的其他自然事物，如流水、树林、游鱼、花草，也起到了同样的作用。人的生命是有限的，一切事物都是暂时的，只有宇宙是永恒的，因而寄情于山水之间，在山水与人之间寻找内在的精神联系是获得生命的愉悦与慰藉的途径，这也成为了人们，尤其是文人们情感的归宿。

园林设计是一项现实的艺术实践活动，虽然它的整体艺术构思需要借助于某种哲学观念的引导，所谓的"立意"，就是主人情感的寄托之处。于是，表达气韵、意境的理想方式就成为中国古代的艺术家和设计师的重要任务。

"达意"，是将个人目的与自然现象联系起来，也可以将其理解为一种"生态"观念，它是中国园林美学中的另一个重要观点，在人和不同的景观元素之间起着调节和平衡的作用。"景"，不是静止的、孤独的，而是与四季变化和情绪有关的观念的产物。"形神合一"，换句话说，就是情感与客观存在的外在世界相联系之"气韵"，是抒发由景观所带来的愉悦之情并体现人类智慧的途径。

景观的"意境"来自对风景的观察。在古人的心目中，不包含情感的风景几乎没有存在的价值，因为"意境"的产生由对风景的观赏和自我情感的体验这两方面共同决定的。相似地，园林的设计也不仅仅是叠梁架屋、栽花种树、堆山凿池，而是运

3-24 苏州留园冠云峰。（上图）

3-25 苏州留园。（下图）

用心灵的智慧与情感，通过展示风景，体现个人对待生命的态度。园林设计、绘画和诗歌有着某些共通的特质和创作原则，但设计的不同之处在于它要创造一个满足人们观赏需要、容纳一定的行为功能以及符合具体物质条件限制的空间场所，在有限的空间内，设计者必须利用一切可能的条件使观赏者产生美的联想。由此而产生出了一系列帮助设计师在园林中获得景观的丰富性等优秀品质的极有价值的设计观念，例如"意在言外"、"境生象外"、"以少胜多"等等。

在有限的空间内，某些传统的设计手法如"借景"，在园林的空间布局中起到了重要的作用。同样重要的还有一些微妙的不可见因素，如鸟语、花香、流水或落泉的声音等等，它们对空间所产生的暗示作用使得狭小的园林空间获得了无限的延伸。这使我们想起老子对"空"的认识："道冲而用之，或不盈。渊兮，似万物之宗"（《道德经》第四章）。

在园林设计中，设计师要做的也是创造出一系列看上去"虚"的空间，而不是将空间填满。"虚"的空间是产生想象力的源泉，是情感的栖身之地。我们不仅将此看作一种超越空间限制的途径，还把它用作衡量设计师水准的重要美学标准。

辩证的思维方式和它在设计中的具体表达是意境这一美学范畴的重要内涵，它反映了道家哲学的精华，并在以诗意的情感和引人入胜的画面所谱写的交响曲中扮演了重要的角色。我们因而能够得出结论：意境这一范畴包含了经验、情感和思想，是中国园林艺术所代表的最高境界，同时还反映了深刻的道家哲学思想内涵。它尽管表现为"少"或"空"，但却意味着大和无限的空间。更为重要的是它还包含了对世界和人生的深刻理解。因此可以说，涉及道家哲学思想的对意境的追求是对情感归宿的追求。

与中国古代哲学观有关的另一个论题是对于"天性"的认识。"天性"也是中国美学中一个特殊的范畴。它关系到理解和表达自然本质的过程。明朝文人高炼曾写道，"天性为神，人性为气，物性为形"。在此，个性被分为三个等级，天性是凌驾于物性与人性之上的最高者。换句话说，天性建立在对真理的认识基础之上，它接触到了本质而不仅仅是停留在感官的感受上。天性的发展不能只依赖感性，还需要认识和学习生命的真谛。为了获得天性，需要具备更高的智性和判断力："致虚极，守静笃。万物并作，吾以观其复"（《道德经》第十六章）。

在此，"致虚极"可以被看作为学之旨，学问的高深境界，一种渊深博大的智慧，而不是片面的知识；"守静笃"，则是为学之士应当保持的平静心态；"吾以观其复"，指明的是一种冷静而敏锐的洞察力。这些都是求得真知的必要条件。为什么呢？在老子思想中，真知应当是最为浅显而又最为深刻的道理："道之动"的根本。遵循道之规律的运动是最根本的自然现象，是一切生命的基本过程。

天性的发展过程中另一个重要环节是对自然的领悟。在汉语中，"自"表示起点、自我、确定性，"然"表示同意、肯定。在此意义上，"自然"一词暗示了世界的运行遵循其独立的变化规律。任何表现出天性的艺术，都包含了这一自然的概念和确定性的意味。反之，任何不遵循"人法地，地法天，天法道，道法自然"之规律的造物都是品性极低下的。在真正的艺术领域之内，出于个人利益或个人炫耀的目的而产生的作品是没有任何地位的。

天性要求艺术家寻找对深刻的感受进行表达的方式，去表达那些他们在观察与深思中把握住的东西。"反者，道之动"应当被理解为对纯朴、简洁的本质的回归，对事物本来面貌的发现。这样的思想和方法才被视为天性的表达，因为它排斥了任何虚伪和造作。

以唐代诗人崔颢诗《长干行》为例：

　　　　君家何处住，
　　　　妾住在横塘。
　　　　停船暂借问，
　　　　或恐是同乡。

这首诗几乎就是一段对话，但充满了细腻的诗意，描写了行舟、流水和人物。我们发现，诗的遣辞用句愈是简朴，其意境便愈是强烈；画面愈是洗练，愈能获得深切的共鸣。

3-26　南唐府城图。（上图）

3-27　明都城图。（下图）

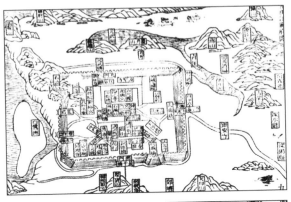

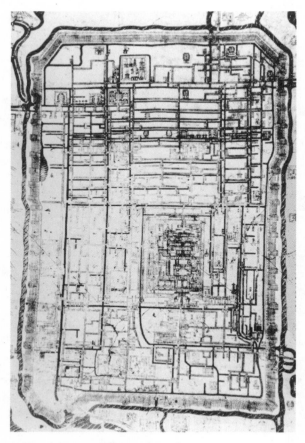

3-28　宋平江图碑苏州。（上图）

3-29　平遥古城塔楼。（下图）

《江南园林志》的作者童寯在论及园林设计时曾写道："虽狐鼠穿屋，藓苔蔽路，而山池天然，丹青淡剥，反觉逸趣横生"（童寯《江南园林志》，第29页）。

作为"道法自然"这一原理的补充，返璞归真的思想为艺术家和设计师追求虚极静笃的境界提供了具体的途径，使他们得以逃避世俗生活的喧嚣，找到自我和通向"道"的真谛之路，在自然中寄托他们丰富的情感。

天性还关系到生活方式。在东晋（317—420）诗人陶渊明的诗中有这样的描写："采菊东篱下，悠然见南山。"这种诗化的境界使我们想起维吉尔，在他的作品中生活也是如此的恬静，没有尘俗的负担。然而，中国的文人却并不拥有这样的快乐，他们只是逃避主义者，在这种意义上，天性就与现实生活不可避免地有着内在的联系。通过对天性的追求和表达，同时也通过"为天下溪，常德不离，复归于婴儿"（《道德经》第二十八章），中国文人们得以抒发自己的情感和对生活的态度，乃至于他们的政治观点。

从这样一种"纯洁"的心理状态中，文人们获得了巨大的慰藉。与在世俗生活的纷争中所获得的那些转瞬即逝的快乐和狭隘的体验相比，由天性的指引创造出来的这些闲适的风景才是产生生理和心理双重愉悦的丰富源泉。中国园林中那些质朴、简陋的事物能够产生惊人的美感、无尽的联想和丰富的情感。

在创作过程中，最为艰巨的任务显然是将这样一个抽象的形而上概念转化为具体的艺术手法从而传达出期望中的美学内涵。而在中国有这样一个说法："平淡天真"，它作为一个方法论的中介，将艺术创作的理论与实践联系在一起。首先，平淡并不是说事物看上去很乏味，而是说明了事物的某种简洁和质朴的特性；其次，如果我们以纯真的，也就是诚实的眼光来看待普通的事物，而不带任何先入为主的偏见，我们就能发现事物的本质。这不仅仅是艺术的境界，它也是哲学的需要，是研究世界本质的需要。根据这一标准，景观艺术实践的本质就是对真理、对恰当的表达方式的追求，对任何虚饰成分的摒弃。在真正的艺术作品中一切因素都依据"道法自然"的原则得到和谐的布置，从而充分地表现情感和思想。它的手法就是："知者不言"（《道德经》第五十六章）。

　　因而，在中国园林中，有苔痕遍布的小径，有不加漆饰的木架，有林木掩映的山石，有粉墙乌瓦的建筑……看似随意布置，然而每件事物都在其应在的位置上，浓淡得宜，修短合度，仿佛出自天工造化。在这里，不需要过分的装饰，只需要"道法自然"，使人们在其中找到自我，找到生命的真正价值和意义。

道家哲学与方法论

　　"正言若反"（《道德经》第七十八章）。道家哲学的方法论是道家思想中对实践最有价值的部分。老子发现了事物的矛盾之间的相互联系和相互转化："祸兮福所倚，福兮祸所伏。"因而，美和善都不是绝对的概念，并且："故万物一也。是其所美者为神奇，其所恶者为臭腐。臭腐复化为神奇，神奇复化为臭腐"（《庄子》知北游第二十二章）。相互依存、相互斗争的事物之间的基本关系："故有无相生，难易相成，长短相形，高下相倾，音声相和，前后相随"（《道德经》第二章）。

　　运动是事物发展的永恒规律，而通过由量变到质变的转化，期望中的发展得以实现："合抱之木，生于毫末；九成之台，起于累土；千里之行，始于足下"（《道德经》第六十四章）。

　　这些规律不仅是关于生活本身的规律，而且体现

3-30　碧霞祠。

3-31　北京颐和园内玉带桥，颐和园始建于公元1750—1765年，清光绪十三年至二十一年重建，为中国现存最完整的清代皇家天然山水园。

了对美的追求。而这些规律还从整体上对艺术家和设计师的观察、分析和创作起到了指引作用，因而，掌握这些规律的关键是对一致性观念从逻辑上的把握。从观察方法的角度来看，首要的任务是掌握事物对整体世界适应的方式，从这一角度来说，保持阴阳和谐与平衡依然是至关重要的。如老子所说："知其雄，守其雌。为天下溪"（《道德经》第二十八章）。

它表明了万物之间根本的内在关系。例如，在山水画中，山的形象作为阳刚的象征不能孤立于水的形象而独立存在。在人类的生活环境中，平静的生活也有赖于这种平衡。正因为如此，山和水的主题才在中国画和造园艺术中经久不衰。

道家哲学所提倡的观察方法意味着运用有和无、美和丑、伸与缩、强与弱这些关注客观对象的不可见结构与内在联系的概念来指导我们对客观事物的观察。

而且道家思想总是将对自然现象的观察同它的哲学基础联系起来，例如："万物并作，吾以观其复。夫物芸芸，各归其根。归根曰静，静曰复命"（《道德经》第十六章）。在观察的同时，对事物的认识和理解也得到发展。既然"万物并作"，那么生命形式的差异就显得非常重要了，需要通过细致缜密的观察来发现这些差异；尽管"守静笃"，但我们仍然有必要"归根"，从而透过世间万物现象上的差异看到世界的本质，从而真正理解世界运动变化的根本规律，从现象上升到本质。

因此我们认为，专业的景观分析的主要任务，就是越过现象的表面形式去寻找其内在结构和基本关系，去把握景观的核心与本质，发现设计因素之间的空间关系。当我们对这些问题有了认识，我们就能理解，对自然美的追求是一项综合性的精神活动，必须为之付出巨大的努力。

在中国艺术家和设计师的心目中，理想的艺术形象总是微妙地置身于似与不似之间。例如，在山水画或是园林中，一块奇石可以代表一座山峰，一条小溪可以代表一条湍急的江河，一方池沼可以代表汹涌的海洋，一截树干可以代表繁荫茂盛的密林，一片枯黄的树叶可以代表秋天或者悲凉。我们可以看出，在这一艺术领域，最为突出的重要性就是借助作品所使用

3-32　河南安阳天宁寺塔。

的客观材料表达和唤起情感的共鸣与联想。

中国艺术既不是对客观世界简单的描摹，也不是臆想式的拼贴。艺术，作为观察的结果，对内在和外在世界的分析和对自然规律的认识，是对自然本质的表达。经由这样一种艺术观念，自然在艺术家的眼中表现为变化多姿而又浑然一体的世界。

另外，正如前面所讲到的，中国艺术既非概念化的艺术，也不是自然主义式的。艺术家心中的自然之美体现在各种矛盾因素（阴—阳）的微妙关系和总体的气韵之中。自然地，这样的艺术就能为景观设计提供系统化的参考和指引；而对绘画技法的研究所得到的成果如"荆浩六要"、"谢赫六法"等等对设计方法论也提供了重要的帮助。事实上，许多杰出的古典园林设计者本人就是著名的山水画家，例如米芾、倪瓒、文徵明等等，正是这些山水画家与众多的工匠和手艺人一道，继承和发扬了中国古代的哲学和艺术思想，并将这些抽象的美学观念转化到设计实践中去。

总之，"道法自然"一理确定了景观艺术与设计的基本途径；意境之说提出了情感与景物之间的和谐问题并引出了"情感的归宿"；"天性"指出了朴素纯洁的观察方法。所有这些美学观念都来自道家哲学的核心，明确了设计方法同道家哲学之间的关系，它们极大地影响了中国园林的设计手法。

3-33 丽江五凤楼。

美学观念与环境设计方法

本章着重于对中国古代环境设计方法的研究。根据基本的设计过程，我们的讨论将从景观的布局发展到设计的最终完成，从场地研究到装修细部。作为一个具有完整文化体系和文明传统的民族，中国古代的建筑与环境美学也形成了自己的评价标准。而作为一个完整的设计体系，所有的美学标准在此都体现为具体的设计手法，例如空间的组织、尺度的设定和位置的调整等等。我们讨论的主题将分别为：立意与布局；空间的延伸；曲径通幽；气韵生动；无中生有；形散神聚。

这样的主题的划分不仅是考虑到了一般景观设计的过程，更在一定程度上表达了中国古代的传统美学思想与环境设计的渊源关系。

立意与布局

在艺术创作中，人们通过形式来表达情感和意义。根据具体的时间与空间特征，真实的景象被转化为概念化的艺术形式。在寻求适当的艺术形象的过程中，概念的建立应当被视为一个抽象的阶段，在这个阶段中，道家思想产生了微妙的影响力。

关于山水画理论，张彦远曾指出，"意在笔先"。

作为景观设计的出发点和关键阶段，"意"的概念仍然起着决定性的作用。尽管意的存在会因人和场所的不同而有差异，然而艺术与设计的目的却是相对稳定的。如前所述，它总是以表达对自然与生命的理解为己任。关于设计本身，它的三维的特性将其与绘画艺术区别开来，需要使用一种与绘画语言完全不同的语言体系来表达空间。满足使用功能的要求和与自然环境相协调的要求带来了许多空间上的问题，需要从设计思想与实践两方面来解决。由此可见，景观设计中的"意"，有着特殊的复杂性。

中国古代将人工修建的休闲景观空间称为园。童寯写道，"造园要素：一为花木池鱼；二为屋宇；三为叠石。"其中，第一个要素是自然事物，第二个属于人工造物，第三个要素则介于两者之间。在这些基本要素中就产生了"意"：一种天、地、人和谐统一的愿望。在这样的设计实践中需要一些基本的美学标准，可以概括地总结为以下三点：合适（Fitness）、含蓄（Meandering）、丰富（Richness）。

我们回过头来看"谢赫六法"，它的第五点是"经营位置"，而在园林设计中，"经营位置"则是首要的原则，因为空间关系是园林中各要素最基本的和具有决定性的因素。合理性的概念既抽象又具体。

3-34 颐和园十七孔桥，全长 150 米。

广义上说，它指的是空间比例和环境气氛的问题，当涉及到园林的布局时，它就成为对设计具有直接影响的关键问题；另一方面，布置和调整空间关系是一个非常具体的实践过程。举例来说，如果在园林设计中出现了太多建筑物，由此产生的密集的世俗气氛就会破坏园林中应有的闲适之美；如果缺少诸如回廊、亭台、家具等附属设施的话，人们必然又会觉得不够舒适。同样重要的是各个设计要素之间的相互关系，例如空间构成的序列，中心景物之间的距离，空间的视觉联系，围合与开放空间的比例，光与影的对比，交通流线的组织，不同质感材料的变化等等。总而言之，就是创造出适宜的空间效果和层次清晰的空间系统，体现基本的园林设计观念，如气的流动、画意、空间的延伸感等等。

曲折的要求意味着蜿蜒变化的空间路线，在中国园林中，它的目的是含蓄地表达空间，从而丰富园林带给人的感受和想象。

丰富性当然是任何空间设计都应努力达到的要求，但是中国式的手法却微妙地将这一要求同它的对立面"空"和"简"联系起来。这一手法在道家哲学中有着方法论的基础："故物或行或随，或呴或吹，或强或羸，或载或隳"（《道德经》第二十九章）。

空间的延伸

用地不可避免地要有边界，因为土地是有限的。土地资源的紧张状况在中国的东南部地区尤为突出，因而园林的设计手法必定受到这一现实条件的制约。在这一条件下，空间的延伸对于有限的园林空间获得更为丰富的层次感具有重要的作用，空间的延伸意味着在空间序列的设计上突破场地的物质边界，它有效地丰富了场地与周边环境之间的空间关系。

在园林设计中，我们不能将设计思维局限于单向的、内敛的空间格局，内部空间与外部相关空间之间的相互作用是这一设计阶段需要处理的首要问题，它不仅仅是平面关系的布置，而关系到整体环境的质量，即便是一座仅仅被当作日常生活附件的小型私家花园也应当同周围的建筑形成统一的整体。在通常情况下，空间的边界已经由建筑物所确定，它们往往缺乏园林空间所需要的

3-35　明孝陵前的石兽。

3-36　苏州云岩寺塔。（下图）

"天性"氛围。延伸空间的构想就是为了改善空间的氛围,在这一要求的推动下,设计师们运用基本的景观要素如植物、假山和小巧精致的构筑物对现有的场地边界作了精心的处理,发展出了高超的技巧。通过这些处理,设计师既丰富了园林自身的"画意",又使城市的整体功能和环境得到了改观。而场地的分界本身也可以利用植物或其他天然的屏障构成,使其成为景物的一部分,同时对内部和外部空间起到了美化作用。苏州的沧浪亭是中国园林设计中的一个典范。将这所园林与城市分开的蜿蜒的河道,曲折伸展的长廊和河畔散布的树木亭台,这些形式各异的景物所组成的边界既起到了分隔空间的作用,又为路上的行人提供了优美的景色。这样,城市空间和园林空间就形成了相互的渗透,边界仿佛消失了,生活在如此环境中的城市居民无疑是幸运的。

相比之下,大型的园林空间的边界就不如私家园林那么清晰,因为大型的苑囿通常只能建在土地宽裕的郊外,尽管如此,空间的延伸感对于苑囿与自然环境之间关系的谐调依然是十分重要的。行之有效的手法包括利用框景形成各部分景观之间的呼应,利用借景获得周围环境与主体景观形成的和谐构图,以及设计具有象征性的地标景物将周围环境统一起来。这些手法在中国的皇家园林如北京的颐和园和承德的避暑山庄中都有成功的运用。在这样大型的园林中,远山被看作是整个园林的背景,园林中的水面也与河流相通,不同的天然地形穿插作为自然结构的延伸,在自然景观与人工园林之间几乎没有分界。南宋的都城临安(今杭州)的整个城区就围绕着西湖而建,而城区外围又被群山环绕,尤其是在城区的西部,城中有园,园中有城,成功地展现了中国的传统造园与城市设计思想。因此,空间延伸的概念不仅是园林设计中独有的,它对于城市设计和区域规划也同样具有重要的指导意义。

同时,空间延伸的思想对于内部空间的营造也

具有重要价值。园林的内部空间通常按照功能关系划分区域和院落，其中包含了若干个空间层次、遮挡和主要的景物，主要的构成元素则有水、石、土壤、植物、声音、光线乃至气味。空间延伸的思想使得空间分隔用的屏风、院墙、影壁等等与园林的其他部分融为一体。在设计小型的园林空间之时，这一思想就显得尤为重要。它使得方寸天地之间也能体会到空间的丰富变化，满足不同的行为和心理要求。要做到这一点，至关重要的是以高超的技巧、想象力和感性来处理空间的分隔。举例来说，在拙政园（苏州）的小飞虹，一道长廊横越水面，将池水分为两个部分。从面积较大的水面一方看去，长廊就像一道半透明的屏风，长廊另一侧的景色掩映其间，丰富了空间的层次关系，产生了景深。在水面较小的一侧是相对封闭、安静和私密的空间，用以休憩、谈话、饮茶和静心养神。"小飞虹"本身的功能非常简单，不过是供人行走的一座桥，然而其高超的设计手法使这座简单的木结构产生了丰富的审美体验。显然，我们并不拒绝空间的分界，相反，我们需要并创造了它们。也正因为我们意识到了它们的存在和随之产生的问题，我们才试图通过设计来超越它们。可见，空间延伸的思想并不是简单的设计技法，而是一种设计哲学。道家哲学中将其表述为："天之道，不争而善争"（《道德经》第七十三章）。

当然，营造成功的内部空间并不意味着与周围环境形成竞争的关系甚至破坏周围环境，我们需要以一种深刻的方式将环境的不利条件转化为有利条件，使主体空间与环境形成和谐的共生关系。而对外部空间给予更多的关注也使内部空间受益，只有灵活地使用空间延伸的方法，才能获得丰富的内部空间。老子写道："既以与人，已愈多"（《道德经》第八十一章）。

3-37　苏州拙政园。（对页）

3-38　中国福建的客家民宅剖面。（上图）

3-39　客家民宅。（下图）

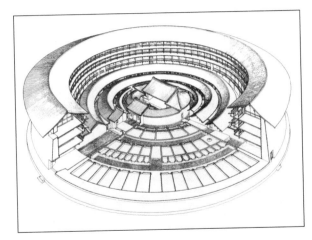

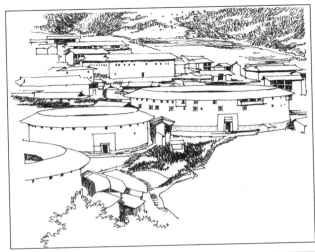

曲径通幽

以空间延伸的态度来看待园林空间及其周围环境，就为我们进一步深化设计思想提供了重要的基础。随之而来的问题是如何恰当地确定不同要素在园林中的位置。在这一问题上，中国艺术家偏爱含蓄的表达方法，曲径通幽的说法就意味着在展示事物的时候给以暗示，为人们留下想象的空间。这一观念在中国古典园林的设计实践中被普遍地采用，以至于如今它已经成为园林设计的原则之一。

我们必须理解，曲折的路径并不仅仅意味着运动路线的形态，更为重要的是它产生了步移景异的观赏效果。园林中的山和水两种对立要素在空间中参差交错，互相环绕渗透，从而在各个角度上形成了各异的效果。同样，其他的景物，小桥、堤岸、水面、回廊、藤蔓、树干，几乎一切都以曲折蜿蜒的形态出现。主要的景物则各不相同，并随着季节、视角和光影的变化而变化。硬质的要素如石阶、回廊、建筑、假山与软质的要素如水、花木都以曲折和变化为原则来布置。它们看上去都显得自然而不受约束，同时又互相借助，互为因果，通过它们之间的关系呈现自己。

从功能上来说，路线采用曲折的组织方式使得视线被导向不同的空间，景观就在这一运动过程中被逐渐地发现，而不是站在固定的地点就能一览无余，它体现了自然界所具有的动态特征。同时，曲折的路径也可以丰富空间的层次，延伸观赏路线，并通过改变方向和暂停来导引观赏者的行为。它还使园林空间给人以连绵不尽和深远的感受，鼓励观赏者主观的审美反应和能动的参与，从而获得更高的审美愉悦。

尽管并没有固定的模式供设计者遵循，但曲折的路线组织手法应当被视为设计的基本原则，它使设计者在针对具体的地形特征、植物形态和功能要求进行设计时体现出观察、思考和灵活应变的能力。因而，中国园林设计也并非真的"自由式"景观设计，实质上恰恰相反，它的设计方法是非常理性的。在任何以含蓄的方式进行表达的艺术品中，尤其是在园林设计中，艺术形象都是经过了谨慎细致的设计和组织而产生的。

曲径通幽处，风景之美才显得富有活力，而且有些不易捉摸，这也就是老子所说："曲则全，枉则直"（《道德经》第二十二章）。

3-40 苏州留园内的庭院（鹤所）。

3-41　苏州拙政园内"梧竹幽居"。

气韵生动

在中国的山水画理论中，"荆浩六要"的第一要点就是"气韵生动"。在这里，"气"指的是绘画的气韵与生命。而在传统中国哲学中，"气"则是关于整个世界之本质的问题，包括实体世界与精神世界的本质。对"气"的理解在历史上充斥着各种争论。老子的说法是："万物负阴而抱阳，冲气以为和"（《道德经》第四十二章）。

在这里，气被理解为万物得以产生的力量，并且具有比其字面意思广泛得多的含义。而如今，随着中医与中国武术被大量介绍到西方，"气"也成为一个流行的术语。在我们的讨论中，"气"兼具了气韵与调和阴阳两方面的含义，通过对气的理解，

我们来寻找"道"的体现。而经由老子哲学对"气"的精深领悟，我们得以迅速找到打开神秘的中国艺术殿堂之门的钥匙。根据老子哲学，抵达阴阳调和的永恒之路在于"道"，而"气"则是阴阳和谐得以建立的媒介。阴阳调和使我们窥见了宇宙的和谐。

我们曾形容过中国园林中湖石假山的艺术价值，它的形态和布置正体现了园林设计中"气"的作用。从这一方面来说，园林中的水景设计对"气"的体现则更为明显。水在中国古典园林中同样是至关重要的因素。首先，它象征了江河湖海，另外，水的流动淌落以及由此产生的悦耳的声响为园林空间增添了活力与快乐的情趣，而水中的游鱼和水草则更加丰富了景观的层次和运动。同时，水边的树

荫、亭榭或是水中的小岛又形成了供人休憩、思考的静谧的角落。水景所具有的这些功能是显而易见的，然而从设计方法的角度来说，成功地创造这些功能又不是那么简单的事。

水在景观中所蕴含的最深刻的意义体现在它对不同空间的交流和联系所起到的决定性的作用。水在不同的空间中以不同的形态出现，它们之间通过桥梁、井或者堤岸的延伸、岛屿的形式等等因素产生联系。游人可以选择由步行或者舟行到达园林的各个部分，水的联系贯通使游人获得了对园林的完整体验。这种得自于"气"的观念的设计方法强调了园林景观中各部分之间的联系、一致和共生关系，从而表达出对自然精神的热爱与赞美。

为了达到这一目的，需要对园林空间的"呼吸"作全面的考虑。与人体一样，空间也具有呼吸和血脉，将它的各个部分联系为一个有机的整体，产生活力和功能。气是将这一切在视觉上和实体上联系起来的至关重要的媒介。例如，在苏州的网师园中，"气"（血脉）通过亭榭、回廊等建筑所构成的视觉线索将园林的中心区域精心地组织起来；在拙政园中，水决定了园林的格局并统一了它整体的情调，蜿蜒于空间中的水体就像人身体中流淌的血液，使每个角落都产生活力。同样，园林中的长廊起到了室内外空间的过渡、引导视线和建立人与景物之间沟通关系的作用。

在某种程度上，园林设计与戏剧表演是相似的，需要有复杂而有趣的情节（故事的铺陈应当"紧张曲折"），而角色必须具备鲜明的个性。要达到预期的艺术效果，在观众与演员之间形成共鸣，在很大程度上需要依靠演员之间清晰明确的交流，包括传神的对白和准确的形体语言来实现。与之类似，不同景观要素之间的交流在实际效果上就实现了游人与景物的共鸣。要实现这一共鸣不是件容易的事，而"气"是其中决定性的因素，在上文提到的山水

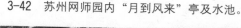

3-42 苏州网师园内"月到风来"亭及水池。

3-43　苏州怡园。

布局中可以看出，园林布局的清晰序列，对总体构成的把握，局部构成的精微变化，空间序列中的戏剧性高潮，精彩的细部，都有赖于"气"的意识：一种和谐统一、朴素真实、绵延深远的意识。

景观要素之间的交流关系是中国园林的深层结构，在这一结构的基础上，基本的景观要素不仅仅作为景物的组成部分，还成为能与人发生交流的有生命的物体。景物的价值不能由客观存在自身孤立地体现出来，它只能体现在景物之间和景物与人的和谐交流之中。这一观念正是中国古典园林设计对世界设计哲学的特殊美学贡献，设计师经由这一观念而赋予园林空间以生命活力，使普通的事物焕发光彩，换句话说，它体现了由"道"而"气"，乃

至于真实美学体验的过程，以道法自然的方法论，获得了阴阳之间的和谐与平衡。

无中生有

老子说："洼则盈"；"三十幅共一毂，当其无，有车之用。埏埴以为器，当其无，有器之用。凿户牖以为室，当其无，有室之用。故有之以为利，无之以为用"（《道德经》第二十二章、第十一章）。

这一充满智慧的辩证思想将"无"的概念表述为"有中生无"或者"无"是事物发展的动因。在此，"无"指的是空间上的"空无"而非虚无，它是有意义和有作用的，与设计中的空间感相联系。根据道家哲学思想，空间是由一定的事物构成的：

门、窗和围合体，亦即"有"。事实上，所谓的"无"是丰满的并表达了相当积极的意义、功能、行为和可能的美学观念。

在园林设计中，设计师处理的正是这样的"空"、"无"，它是由墙体、假山、建筑、雕刻、道路、水面、植物等等实体构成的空间。而空间，则是产生特定行为的场所，为人们游戏、休息和思考提供适当环境的主体。因此，"无中生有"的思想应当由一种哲学观念转化为实践中的空间处理方式。从这一观点出发，我们能够看到，空和无的概念与佛教思想中"空"的要领具有相似的哲学意味和美学价值。例如，在山水画中，空间的深度、广度和无限的意象等环境特征以及悲凉、绝望、宁静、隐逸等感受性通常都以"空"的方式来表达。同样地，

在园林设计中这一手法也是成立的。当"空"体现为一种设计思想时，它就产生出一种与丰富相对的品质。这样，就使人们在园林空间中找到情感的寄托，这是因为园林设计的精髓所在并非要从特定的场地中产生出某种东西，而是给那些在日常生活中感到失意与不适的人们提供一个精神化的场所，通过精心的空间安排，使人们在其中能感受到舒适与自由。

大多数的山水画家都认识到"知其白，守其黑"的道理，亦即在追求丰富意象的同时，需要考虑留出想象的余地。从美学上考虑，诸如少与多、动与静、强与弱、巧与拙等等矛盾性的因素是互为因果的，而从方法论上认识这一点，正如老子所说："知其雄，守其雌，为天下溪。……知其白，守其黑，为天下式"（《道德经》第二十八章）。

我们不能简单地从字面上理解这一表述，它指出的是世间万物的本质关系。借助一种灵活的思想方法，它帮助我们实现了设计行为的平衡。由此我们想到了密斯·凡·德·罗的名言："少就是多"和领导西方现代建筑思想长达几十年的"总体空间"概念。尽管如今"少就是多"（Less is more）已经变得有些"少就是闷"（Less is bore）了，但这一思想所具有的深刻的哲学内涵是无可否认的。密斯和他的追随者将这一思想推向了极端，过于关注建筑本身，因而忽略了建筑与环境的关系。

纵观历史，可以看到我们总是在为做过的事付出代价。我们发觉在我们的城市、乡村、公共景观、私家花园，甚至我们自己的家中缺少一种微妙的审美体验，而这常常是由于在我们的环境中过度地引入了设计概念。景观设计师的责任并不是总要在空间中强加一些被认为是美的东西。在景观设计领域，对所谓丰富性和亲和性的片面追求并不总是正确的途径，成功的景观设计必然首先是和谐均衡的，体现出优雅、含蓄的原则。根据古代的生态观点，我们进一步认识到："天下之至柔，驰骋天下之至坚。无有入于无间，吾是以知无为之有益"（《道德经》第四十三章）。

3-44 苏州怡园内的月洞门"迎风"。

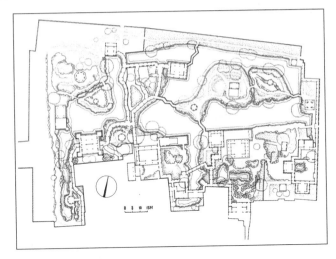

3-45 苏州拙政园平面图。

"知其白，守其黑"。坚持朴素平易的方式，而不以炫技，这种谦和的态度为我们提出了宝贵的美学准则，甚至是景观设计行业的职业道德准则。

然而，设计实践又远远不止于对矛盾因素例如透明与晦黯、白与黑、刚与柔、虚与实、收与放、断与续等等的简单使用，介于矛盾对立面之间的中间状态对于整体设计的和谐一致性也是必要的过渡调子。前文我们曾指出，丰富的景观意象常常是利用有限的元素及空间，通过空间的延伸、曲径通幽和气的处理方法以及"以少胜多"、"小中见大"、"宁缺勿滥"等艺术观念获得的，所有这一切都需要以具体的设计方法来实现。

在设计中，"空"的概念直接与空间感相联系。这一点与山水画的技法颇有相似之处，山水画中就是常常利用留白来产生含义丰富的艺术形象，它可以表示水面、天空、云雾，使画面产生联想的空间和运动的暗示，简单地说，它可以象征一切事物。因此，我们可以把"空"、"白"看作丰富性的源泉。景观设计也是如此。以私家园林为例，通常在地段的周边布置建筑、入口、长廊、假山和繁密的树木，而在其内部，这一类的元素则占很小的比例，可能只有一些蜿蜒的小径在起伏的小丘间穿行，几座小桥连接着水中

的岛屿，以及几座水边的亭榭和湖石而已。在大多数的中国园林中，水面都是整个园林布局的主导要素，它占据了狭小空间中的大部分面积，强化了"空"的意象，却又无所不包，它是园林的核心，是戏剧的舞台，是使"空"变为"有"的媒介。因此我们已经找到了设计丰富性的来源，那就是"空"。

可以以围棋为例来说明这一思想。在围棋中，棋手各自穷其心智以围合的办法用尽量少的子数占据尽量多的棋盘空间。围棋的一项常识是"金角银边草肚皮"，即是说应尽量占据角地，想在中腹活棋是不明智的。这个表述极好地说明了在有限的空间中获得最大可能性的机理就在于对"空"的掌握，角地的布置对于建立空间的焦点、产生良好的视野和私密性都是十分有利的。这是空间流线汇合的重要位置点，能够在对角线方向产生最远距离，为地段的中部提供更多的空间以满足复杂的人类行为要求。对空间的边缘也可采用同样的方式处理。如老子所说："将欲歙之，必固张之；将欲夺之，必固与之"（《道德经》第三十六章）。

形散神聚

如果空间的丰富性与设计者对"空"的理解与认识相关，那么决定性的因素则是将景观元素分散地布置在恰当位置上的设计方法。而我们所关心的另一个基本因素是以恰当的方式满足功能上的需要。

景观设计与其他视觉艺术的不同之处在于它的空间尺度要比后者大很多。它可以在一整座山、水域和森林的范围内进行，而同时它又与人的生活相关：因而我们应当特别注意人类要求的合理性以及设计活动是否会对自然造成破坏。不管我们坚持着如何崇高的美学理想，也必须服从生态环境的要求："故贵以贱为本，高以下为基"（《道德经》第三十九章）。

这就是说在从事人为的或"硬性"的活动时，应当从方法上和品质上考虑到自然的或"软性"的因素，因为它们往往才是事物的决定性因素。因而，"至柔"的状态可能比复杂精巧的建筑包含了更为深刻的美学意味。从空间感与丰富性相互制约相互促进的观点出发，设计师就会选择将景观元素分散布置而不是严格按功能需要布置的方法。

对地段的使用方式在很大程度上决定于对地段内在结构的分析，如地形等高线分析、流线分析、功能分析和行为模式分析等等。为了使必要的人工造物与自然景观有机地结合起来，空间序列的设计必须遵循这些分析所得出的结果。分散则意味着将大体量分割为多个较小的体量，将主要景物之间的距离尽可能地拉大；功能要素则按最低限度布置，在可能的情况下还可将它们隐蔽起来，以使环境更显自然。空间越大，就越需要以分散的原则设计。

"深山藏古刹"。这句中国俗语的微妙之处在于一个"藏"字。它道出了在自然环境中处理人工造物的典型中国式做法。在大型的中国景观中，抵达重要景点的途径总是长而曲折的，或有大山掩翳，或有大河当道，途中则往往在树荫下设有供人歇脚的凉亭，横过山间溪水的小桥往往朴素得似乎要没入草丛之中去了，大一点的建筑物如庙宇、茶室、

3-46　湖北武当山南岩宫。

馆舍则同时具有实际功能和方向标识双重作用，但它们从不被过分强调。我们也很少看到中国式的古塔独占风景的中心，它通常只是伫立在山脚的一旁或者半山腰中，起到指引方向的作用。

形散神聚的原则使我们想到前文讨论过的"天性"。在景观中四散分布的人工构筑物将人引入大自然之中，反映了追求天人合谐的愿望。此外，这种微妙、含蓄的手法给游人带来了更大的乐趣，使人能够更自由更富冒险精神地体验景观。当一个设计师理解了谦和的"藏"所具有的意义更为重要时，他就有可能设计出带给人更多空间体验和天人合谐意味的怡人景观了。景观设计中的分散思想可以被描述为："少则得，多则惑"，"是谓微明。柔胜刚，弱胜强"。

画意：对景观的美学体验

"风景如画"这个词体现出了我们所说的画意。它并不是说景观设计应当模仿绘画。在园林设计中，设计者既无法从尺度上模仿自然景观，也无法从细节上模仿，设计的本质是将自然景观的意象抽象提炼成新的景观意象。"风景如画"表达了中国古典美学中对景观体验的一个标准，即将欣赏景观的要求与欣赏山水画的审美要求对等起来。从这一角度看，"风景如画"一词更多的是体现了景观设计的复杂性，即它也必须像山水画艺术那样具备一个抽象和提炼自然意象的过程。我们在前文中曾论述过，"道法自然"的设计原则并不主张对自然对象的简单模仿，因为它远离了景观设计要表达自然美之本质的目的。

3-47 苏州拙政园内环湖迴廊。

举例来说，在中国古典园林设计的优秀作品中，假山并不是真实山峰的缩尺拷贝，而是通过对其结构、肌理和一些重要细节如瀑布、山泉等进行重新构造后的结果，它准确地体现了山的形态所应有的力度与气势。

植物的设计也是如此。植物首先是用来营造绿色的空间，但对它更高的美学要求则是体现画意。中国的园林设计师着重于体现植物的"习性"，对花草的特殊品质则没有过多的要求，一般来说，花木的"姿态"比它们的色彩更重要。通常园林中选用的都是本地的易生快长的植物，不需要特别的护理保养，但它们必须具备合适的姿态，适于入画，从而获得满意的空间效果。由于画意要求，有时会在特定的地方精心地保留一段老树干，甚至是枯树干。植物在园林中既具有遮荫的功能和丰富景色的作用，又往往象征性地代表了园主的文化背景或个人品格。有趣的是，园林的围墙通常被看作一张白纸或是一扇窗户的窗框。在这张白纸上，树干和枝

3-48　山水画中表现出的中国文人的园林意识。（上图）

3-49　唐寅的山水画（局部）。（下图）

叶投下的影子仿佛画家留下的墨迹。在中国艺术家的头脑中，自然的生活与人的生活是相似的。因而，园林的设计中往往具有象征意味。

通常，设计中的象征意味分为两个层次。在第一个层次，设计师通过框景等手法使景物带给人纯粹的视觉快感；在第二个层次，以绘画的手法象征性地表达人对自然与生活的态度，例如"海外仙山"的象征模式，以简单质朴的品质表达禅意和道家哲学的境界，以功能布局的严格关系满足儒家的生活理想和占有的成就感等等。这些景观设计的基本思想关系到对设计哲学的象征性描绘，尽管它们的价值和意义体现为具体的艺术形式，但这些思想还表达了艺术家们对天、地、人之间关系的理解。这就是"中国画意"所产生的具体的象征体系。例如，通过一种水平方向发展的景观结构，可以从视觉上和功能上表现无限的意味，表现生命的根源以及人与大地的本质联系；垂直方向上发展出的景观则通过象征性地描绘天地之间的关系而将它们联系起来。这是一种非常概念化的表达。最典型的例子是北京的天坛，它体现了中国古代的信仰："天圆地方"，起到同样象征作用的例子还有镇江金山寺塔和杭州的六和塔。

因此，将中国画意视为设计形式研究中的美学范畴，它表达了设计师的内心情感和对传统语言及思维方式的个人理解。同时，这种画意受到美学立场、功能要求和物质可能性的制约。对这种画意的实践之关键在于通过对事物内在关联的体察而超越空间的限制，在于寻找有意义的形式和以简约的方式表达含义丰富的空间。由于丰富的内心感受和审美内涵必须通过三维空间的设计得以体现，这就需要设计师应同时具备敏感的心灵和精湛的技艺，如同那些山水画家一样，书法、绘画、建筑样样皆通。

3-50　苏州报恩寺塔。（左图）
3-51　杭州六和塔。（中图）
3-52　上海龙华寺塔。（右图）

3-53 宋代马远山水画中表现的"小桥流水人家"的意境。

书画同源是中国视觉艺术发展的特点之一。中国书画不仅讲究画面，而且讲求意境、思想和艺术本质的表达。书画家常常干预环境设计。人们往往可以看到沉思着的哲人置身深山老林与自然对话的传统画面，这种画面被传写为设计景观，进入了现实生活。在中国园林设计的名著"园冶"与一般画论中都有同样的议论。一开始，中国环境设计就很关注世俗生活。最早的住宅建筑是一种半地下的屋顶采光或侧采光的木构。如同家庭是社会的最基本单元一样，其他的中国建筑都由居住建筑演变而来。在官式建筑、宗教建筑和民间式建筑之间，在型制与营造技术上没有本质的区别，只是佛教建筑引进了安置佛骨舍利的塔，出现了中国建筑向上发展的倾向。建筑结构多系木构，靠屋顶的重力来稳定结构。屋顶的做法有许多的变体，色彩缤纷。

城市、乡镇乃至皇城的布局都反映了中国人对于宇宙的理解、风水知识和特定的生活方式。大城市都有其轴线，棋盘格式布局。"天圆地方"的学

3-54 泰山上的摩崖石刻。

说在皇城布局中有明确的反映，宫墙之外往往设置花园，它在尺度和情趣上与布局规则的官式建筑形成了鲜明的对比。除了风水说对景观设计的影响是很明显之外，道家与儒家的影响并存而且持续至今。中国的建筑环境既强调宗族关系，又注重与自然环境的和谐。山、水、地方植被是景观设计的基本要素，阴阳说的物化无处不在。隐喻手法亦时而出现在景观中，如龟与龙的象征以及梅、兰、竹、菊在园林中的各种有意义的形态。花园的设计满足了各种心态，满足了在白天、月光下和春夏秋冬四季的生活起居的需要。其边界有开有合，造园讲求小中见大，空间流通，对景、借景。幽静乃是花园设计的主要追求目标，因为沉思、对话与阅读是文人设计花园的主要动机。于是，花草山石与亭台楼阁复杂而有序地组合到一起，创造出种种实实在在的诗情画意。这种做法到了宋代已经达到了炉火纯青的地步，而明、清宫苑和私家园林更进一步丰富了这一成就。

3-55 四川出土的汉代画像砖上的古代建筑和院落的情形。（上图）

3-56 清明上河图中的宋代城市的情形。（下图）

3-57　北京故宫的正门——午门。（上图）

3-58　北京故宫内的云龙石雕。（左图）

3-59　紫禁城鸟瞰。明朝时将紫禁城建在都城的中心，四周按"左祖右社，面朝后市"的布局，成为历史上最符合《周礼·考准》中所述周王城的实例。（右图）

3-60　布达拉宫，位于西藏自治区拉萨市中心的红山上。始建于公元7世纪。它是西藏现存最大最完整的古代宫堡建筑，也是世界上海拔最高的古代宫殿。（对页上图）

3-61　布达拉宫内精巧多变的建筑布局。（对页左下图）

3-62　布达拉宫的室内。（对页右下图）

第三节　中国文化对日本环境
设计的影响

与中国"一衣带水"的邻邦日本，在文化与环境设计上与中国有着许多相似的地方。日本文化曾一度以中国文化为蓝本，从中国古老的文明中汲取营养。而在长期的发展过程中，日本的环境设计又形成了自己的特色，并且在世界范围内达到了相当的成就。

自然与历史背景

日本是由四个主要岛屿（北海道、本州、四国和九州）组成的岛国，位于北纬 30~45 度，面积 377 380 平方公里，南北约 1 000 英里，东西约 150 英里，原是一个地狭人少的国家。东面，日本与朝鲜之间隔海相望；西面，是台风之源的幽深的太平洋。日本多地震，据说是由于太平洋地壳向亚洲大陆挤压所致。日本多山丘、谷地，景观尺度不大，但是景观的形式变化多端。环绕的山峦和谷地形成了高耸隆起，海拔达 3 776 米的富士山，它是日本最高的由火山喷发形成的山峰，是日本的标志性景观。日本列岛只有 1/8 的土地可耕作，渔业因此而成了重要的食物供应手段。岛内河流交织，河道大多短而宽阔，河床为卵石层。日本气候潮湿，冬季平均为摄氏 3 度，夏季为 27 度。平均降雨量为 1 500 毫米，全年约 215 天为晴天，由于西伯利亚寒风的影响，冬季多雪，西北部往往为大雪覆盖。总之，日本土地肥沃，岛上有常绿草地，本地主要有橡木、野生藤蔓植物、盐肤木、枫树、桦树等。春天，首先是樱花和李树花吐艳，然后开放的是紫藤、杜鹃花、鸢尾花、牡丹花；秋天便是菊花。然而，许多花卉品种都是从中国引进的。

人类学家认为：日本人可能是经过朝鲜移民过来的蒙古人的后裔。历史上多军事寡头统治，天皇被赋予至上的权力。自古来，日本从未被外族彻底地征服。仅有的共两次，一次是 1274 年"文永之役"的元入侵，另一次是 1281 年"弘安之役"的忽必烈东征，但是很

3-63　日本兵库县姬路城的五重塔，姬路城是日本早年建筑最兴盛时期的杰作，展示了日本木结构建筑艺术的成就。（对页）

3-64　古京都秋景。（上图）

3-65　京都桂离宫平面。（下图）

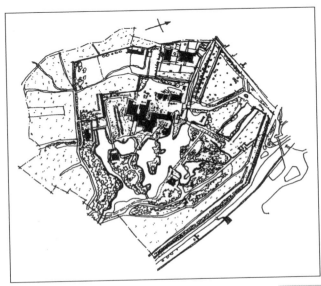

快被日本人击退。最早的天皇被认为是公元 662 年的神武（Jimmu），然而，在日本的整个封建时期（8—19 世纪），天皇的权势被幕府时代的将军所操纵。佛教于公元 538 年由百济传入日本，寺庙建筑大兴，其规模与质量可与宫殿宅第相提并论。据说，在奈良时期（公元 710—781 年），政府的一半开支用于艺术。京都于公元 784 年成为了日本的首都。在 1869 年迁都东京之前，京都一直是日本的行政与文化中心。虽说京都 1467 年曾毁于战乱，1788 年又遭火灾，它仍然是日本风景建筑的圣地。

中国文化对日本的影响

日本民族是一个具有丰富手工艺传统的民族。从表面看，日本的文化和建筑、环境观念非常接近中国，因为当时日本文化曾广泛地受惠于中国文化模式的影响。事实是，在长期的发展过程中，两种文化已经出现了许多不同之处。通过对日本建筑与环境设计历史较深入的审视，可以揭示出这两种文化在现实中存在的差异。

无涯的海洋与天空对于生活在岛屿上的日本人的思想与宗教有极大的影响。神道（Shinto）以一个非常整体的观念来看世界。在原始时期，日本人的原始信仰是多元的。他们崇拜太阳、月亮、大海、土地、高山、清泉与石头，信奉风、雷、电、火之神或制造地震的可怕的神灵。当然，天皇也必须列入其崇拜对象之一。染上了中国禅学思想的日本佛教在日本又与神道教义结合，从而构成了日本人带有浓厚宗教色彩的景观设计思想。禅宗在日本将环境设计的思想提高到了哲学高度。它认为通过安神冥想和对景观的凝视，心智能达到至高境界，在人生意义上获得顿悟。"空"这一至上境界高于一切物质的存在，这也是日本环境设计的哲学追求所在。

日本早期的建筑型制大多来自中国汉唐时代的样式，现保存在日本奈良的唐昭提寺等建筑，完全可以看出中国唐代木构建筑的遗风。日本主要的景观建筑类型大多是在中国古典建筑样式的基础上发展起来的。

由于中国疆土广大，中国人的景观设计思想可能是外向扩展的。日本四周环海，国土狭窄，人们的思想则是偏于内省。如同中国人，日本人也崇尚以有限的园林空间来体现自然山水，体现自己对于宇宙的认识。住宅和园林往往不可分割，人们试图生活在抽象的画境中，以静心欣赏，感悟人生。这也正是住宅园林的目的。中国人总是向外借景；日本人则多用框景，借此在小空间里发现并欣赏缩微景观，进而强调自己对于自然的理解。中国园林的象征主义手法在日本的禅宗佛学派手里达到了极高的境界。籍此，景观设计艺术成为了个人修养和情感表达的手段。

从"寝殿造"到"枯山水"——日本的环境设计传统

日本的传统建筑在很大程度上继承了中国传统建筑的营造方式，主要建筑也是以木构为主。由于社会较为稳定，注意维护和严格按照原有风格修缮或重建，日本的古建筑得以良好保存。

3-66 姬路城远眺。（对页）

3-67 奈良的唐昭提寺，是为中国的鉴真和尚兴建的寺院。（上图）

3-68 法隆寺的"梦殿"，建于公元739年，1230年重修。（下图）

纪念性建筑受中国建筑的影响，布局往往对称，采用院落式。同样，佛寺群体也反映了同样的设计思想，而群体以佛塔为标志，由舒展、横向发展的轮廓线所构成。民居一般为木构平房，抗震但不防火。民房的布局往往则因地制宜。花园与房舍在布局上为互补关系，前者为自由布局，而后者为规则布局。住宅都采用木框架，局部可拆卸和替换。夏日人们可借助出挑的披屋纳凉。室内常用绘画作品与外部的景观相呼应。而日本人的半开放空间设计，即所谓"灰空间"的处理，可能是其建筑艺术的重要特征之一。

日本的景观设计始于神道祭祀和宫廷仪式的需要，因此组织了铺有卵石的院落。随着院内引入了林木、石头等基本自然元素。后来，又添加了假山、岛屿和桥。园林景观的形式也就逐渐被改变，构成了日本最早的园林格局。然而，在日本，来自中国的影响是深刻的，特别是那种中国式的自然象征主义手法以及中国建筑群的几何布局方式和城市设计手法为日本环境设计的发展奠定了技术基础。在镰仓时期（1184—1333），社会动荡，佛教的殿堂和户外环境成为了理想的精神避难所。到了室町时代（1336—1573）和桃山时期（1573—1600）在中国宋代文化的影响下，与日常生活联系密切的世俗花园再度流行，达到了其园林艺术的最高水准。禅宗促成了寺院景观艺术的产生。在江户时期（1600—1868）民间茶舍的石阶步道发展成为可供游览活动的花园。而石灯笼、盥洗器具也作为一些新的景点或构件出现，唯美倾向开始抬头，出现了"借"景的手法，成簇栽植树木，强调抽象的构图。

日本的庭园风格很大程度上受中国园林，尤其是江南私家园林的影响，在后期又演变为具有日本特色的庭园。由早期的池泉庭园、寝殿造庭园、净土庭园发展到枯山水（书院造）庭园、茶庭、回游庭园、江户园林，在各国的园林设计风格中独树一帜。

3-69　严岛神社的大鸟居牌坊远眺。

3-70 奈良兴福寺五重塔。（左上图）

3-71 京都桂离宫。桂离宫位于京都西南郊，是一亲王的宫室，占地约16英亩，始建于16世纪。它属于"书院造"，是此种园林景观的顶峰。在园中，有人在浏览，举行茶道、花道，总之人人都在动，它与安神冥想的静态园林正好相对。（右上图）

3-72 桂离宫的松琴亭，为宫中一茶室，用草顶、土墙、竹格窗等最简单的材料和构件构成，简朴、雅致，是"风茶室草庵"的典型的例子。（下图）

3-73 修学院, 离宫下茶屋。16 世纪后, 府第、城楼在日本成为重要类型。此外由中国传入的饮茶、品茶成为贵族、武士等生活中一项重要内容。茶室往往采用民居的泥墙顶, 落地窗, 并在周围布置步石、树木、桌凳等, 称为"草庵风茶室"。(上图)

3-74 瑞乐园, 在小空间里发现并欣赏缩微的景观。(下图)

3-75　西芳寺，约建于 1350 年，里面有上百种植物构成。在日本园林发展中，西芳寺标志着一个明确的转变，它宣告了古老灰色的、开放式游嬉园林的消亡，同时它又启示了未来时代的园林中，新的主观感受……建筑西芳寺，是为了表达阿弥陀教派，天国花园的净土观念，从此禅宗进入园林之中。（上图）

3-76　京都龙安寺，禅宗冥想园林，大约建于 1488—1499 年。它是一座最为玄奥的园林。龙安寺景色被限制在严格的景区框架之内，其中一边是用于冥想的凉廊。地面铺设的发亮的石英砂来自河床，除耙砂工人之外，不允许别人在上面走动。院内共有 15 块石头，分别用 5 块、2 块、3 块、2 块和 3 块组成了 5 组石头群。石群看起来好像随意放置，事实上，它们由数学关系控制着它对于观看者的潜意识，传达了一种和谐静谧的现实感觉。（中图）

3-77　曼殊院，小书院的枯山水庭院。（下图）

3-78　墨西哥特奥蒂瓦坎古城的太阳金字塔、月亮金字塔和"死亡大道"。

3-79　金字塔上精美的雕刻。（对页上图）

3-80　科班城平面图。（对页下图）

第四节　失去的乐园
——早期美洲的环境设计

前哥伦布美洲、墨西哥与中美洲玛雅人的环境设计

墨西哥和中美洲位于北纬 15 度和 30 度之间。中部为山地高原，南部有一活火山带。墨西哥山谷海拔高度 6 500 英尺，平均气温摄氏 17 度，温差不大，坡地上植被丰富，地形略呈直径约 100 英里圆形，是个天然的都市。墨西哥东南部是低洼的石灰岩层和热带草原。玛雅人的国家就是在此逐渐孕育而崛起的，她横跨了热带雨林，到多火山的危地马拉（Guatemalan）群山，尽管东部地区雨量充沛，但由于水系不畅，许多地区土地贫瘠而荒芜。

据说，在公元前 1 万年前，一支来自亚洲的蒙古人种穿过白令海峡，开辟了太平洋沿岸的殖民地。大约在公元前 6000—2000 年之间，墨西哥已有一定数量的人口，农业技术日趋完善。基于宗教统治的玛雅文明是此地最早的发达的文明（大约在公元 100—900 年）。与此同期繁荣的地区还有蒙特·阿尔班（Monte Alban）和托狄奥提瓦康（Teotihuacan）。公元 10 世纪，托尔德加人（Toltecs）在墨西哥流域建立了一个尚武的社会，大约在公元 1300 年，阿兹特克人（Aztecs）继托尔德加人之后，又建立了一个平衡武士、祭司和平民的联邦社会，直到 1519 年被西班牙入侵者所摧毁为止。

玛雅文明是建立在太阳崇拜基础上的，因为太阳致使万物生长，五谷丰登。玛雅人还建立了自己的历法，能追溯历史，也能预示日蚀一类的天体现象。他们相信上苍的力量能毁灭人类在大地上建立的秩序。因此，每项新的工程项目开工，他们都要选择适宜的时辰。马雅人诸神的观念是和人类的献祭联系在一起的，诸神对于粮食收成和物产多寡负有责任，同时，如果没有人类以血液供奉，他们则无法生息而人类也将死亡。在玛雅人统治时期，据说人们自愿血祭神灵。然而，

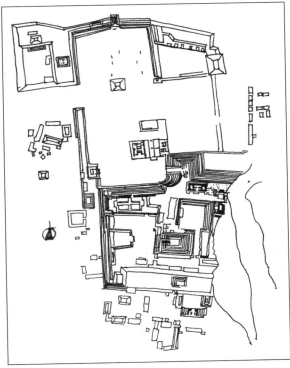

到了阿兹特克人统治时期，血祭是以牺牲奴隶和战俘的生命来完成。为了建立人与神的对话，玛雅人建造了巨大的纪念性建筑，除了满足祭司或头领们的居住之外，他们的建筑只考虑其外部的感染力：一种有秩序的、反映玛雅人对于外部世界看法的建筑形态。

玛雅人最早的生息地是位于森林地区的湖滨河畔。公元5世纪，他们迁移到远离江河的森林地区。早期他们不会用拱券，但是，却能组织大量的劳力去完成大型的土方工程。玛雅建筑用沉重的牛腿来支撑石构的屋顶，因而需要加厚墙身，而这些厚墙又为雕刻提供了背景。玛雅人的金字塔是阶梯形，用石块贴面。阶梯从下到上，通向塔顶的神庙或圣坛。这些金字塔的设计都有一定的空间的安排。在它们之间的空地上是圣坛或记录时间历程的石柱。后来，在托尔德加人的影响下，建筑手法变得更加精练优美，然而，早期的外部空间的设计观念则逐渐淡化了。

3-81　帕伦克古城遗址，位于墨西哥东南的恰帕斯州。公元600—700年间是这个城市最为繁华的时期，但在公元10世纪左右，这座古城却消失在热带的丛林中，直到18世纪中期遗址才被发现。（上图）

3-82　特奥蒂瓦坎古城的太阳金字塔。（下图）

3-83 奇琴伊察古城的战士
神殿的入口处。（左上图）

3-84 特奥帝瓦坎的羽毛蛇金
字塔庙，位于"城堡"广场东部，
塔身四级，各级墙上整齐地雕
有精神饱满的羽毛蛇和雨神头
像，总共 336 颗。（右上图）

3-85 蒙特阿尔班，墨西哥
最古老和最宏伟的圣地城市。
城市中心区伸展于一座山颠
之上。（下图）

印加文明遗产——秘鲁的环境设计

秘鲁位于整个赤道南部，南纬 0~20 度，是该地区惟一的古代文明高度发达的国家。秘鲁多山，山地占全国面积的一半。境内的安地斯山脉与太平洋海岸线平行，它是从北到南横跨秘鲁大陆的脊梁。

秘鲁古代文明始于大约公元前 4000 年，形成于山地和海岸之间的狭窄而肥沃的江河流域。发源于安地斯山脉的溪流为人类生计提供了水源。由于特殊的地形，该文明的群体之间彼此互相隔离。在这里，低地景观与山岳景观之间形成了鲜明的对比。11 世纪，印加人（Incas）在这里建立了他们的首都库兹科（Cuzco）。1438 年，这个强悍的民族又征服了西部地区，建立了一个绵延约 2 000 英里海岸线的印加帝国。尽管印加人没有马匹、车辆和书写文字，他们却用完全不同于罗马人的道路系统来统辖国家。而且，印加人社会机制是高度组织起来的绝对君主政体。1532 年，西班牙人入侵，毁灭印加帝国，无

视甚至抹煞该文化对于人类文明的贡献。特别是印加人对于环境设计的思想，也长期被后来的殖民者有意地扭曲，直到今天我们对此还是缺乏研究。

与其他文明相比，印加文明的特征是讲求实际。印加人的食物必须从山腰和狭窄的谷地摄取，即使是在帝国的盛期，其东部一带的防卫仍然薄弱，很容易受来自丛林的敌人入侵。他们崇拜太阳，尊奉国王，把国王看作是太阳在地球上的化身。他们也崇敬高山，因为他们生活于其间，观察到了它所象征的超然力量。实际上，被印加人所征服的低地文明产生得较早一些，而且文明程度也比他们高。尽管低地人接受了印加人的统治，因为两者所处的环境不同，他们并没有接受其宗教信念。低地灌溉系统良好，但日照过多，缺雨水，靠海风带来的水分滋润着农田。因此，人们的筑造热忱恐怕是来自从事农业与生存的需要，而不是出于宗教狂热或纪念性要求。然而，低地人能更多地考虑聚落与自然环

3-86 马丘比丘城（Machu. 约 1500 年）。印加帝国的城堡之一，当地的居住与宗教中心，也是要塞。城堡用精心琢磨的大石块密缝砌成，布局随地形而起伏，房屋长方形，面坡顶，厚石墙上有可置物体的壁龛。（对页）

3-87 马丘比丘的历史遗址。

3-88 库斯科城梯田和灌溉渠遗址。（左上图）

3-89 位于秘鲁西北部拉利伯塔德的昌昌古城遗址。（左中图）

3-90、91 石制品是印加特有，每块石头都各自分别加工处理过，阳刻或阴刻，以求与边上的石块相嵌，同时亦为了防震。（左下图、右下图）

境的关系，而不是单纯地显示他们的建筑技艺和审美趣味。低地的印加人城市都是用泥砖构筑起来的。由于地势平坦，人们多用方形来组合各种单元。这些单元时而又因地制宜地按地形排列，规则中也带有相当的灵活性。他们没有纪念性的通道去统一城市设计，土地与地形的运用在这里是有节制而微妙的。但是，在山地，情况却不同。那里，地形的影响压倒了一切。在马丘比丘（Machu Picchu，印加语的意思是"古老的山峰"），地形的影响给人造成的印象是神秘莫测的。山上的堡垒和层层平台沿着山坡展开，至今仍给人以非常浪漫的印象。然而，其高超的工程技术质量，特别是石材的开采技术、运输与安装工艺，水平之高令人叹为观止。可以说：印加人的石构技术已将土木工程转换成了一种永恒的造型艺术品。

3-92 提亚华纳科太阳门（12—13世纪，印加帝国）。提亚华纳科城宗教建筑群中惟一保存较好者，门高约3米，宽约3米，用整块大石建成，上雕有一形象逼真而又相当抽象的狮子头，周围是几何图案，刀法洗练。（上图）

3-93 纳卡斯巨画，位于秘鲁西南部的伊卡省。只有在空中鸟瞰，才可能发现这些在褐色岩石上刻出的巨大的画幅。（下图）

第四章　西方文明与环境设计的理性化进程

西方文明是以古代埃及为起点的，从地域上讲，它覆盖的范围包括俄国和整个西欧。其中地中海一带是其文化的摇篮，西方的设计文化由此向北部和东部扩展，希腊和罗马是其主要代表。直至公元1700年，西部与中部的冲突从未间断过。此后，西方各国之间的对立和竞争成了主要的社会矛盾。然而，正是由于这种激烈的竞争意识和政治地理关系使得该文化得以较充分地发展，以至到了近现代，西方文明与其他文明相比，还占有相对的发展优势。

第一节　法老的世界

——古埃及的环境设计

古代埃及的自然与历史背景

尼罗河（Nile）发源于中非赤道附近的湖泊，这些湖泊确保了其上游平缓的水势，并在卡土母（Khartoum）与东非猛烈的季节性雨水汇合。古代埃及位于尼罗河两岸，埃及文明作为一种沿河文明起源于尼罗河沿岸方圆约 1 000 英里的土地上，主要位于北纬 20 度到 30 度范围内。暴雨过后，尼罗河水流平缓并可以航行。夏季，河水上涨 20 多英尺，良好的灌溉控制系统能有效地利用每年因涨水带来的淤泥，低洼地的土壤甚为肥沃。在上埃及，狭窄的山谷以红色、粉红色和白色的花岗岩石崖加以界定，这些崖壁通常风化为自然雕塑形状。在中埃及，石灰石地貌则是其地理特征。下埃及，尼罗河两岸

是沙漠，景观比较平淡，天空万里无云，较为舒适的气温靠北风来保持。当地缺少林木，自然生长植物主要是棕榈、埃及榕、无花果、葡萄、芦苇和荷花。由于洪泛频繁，无法形成森林。埃及人的环境概念是一种基于自然现象的重复循环性和稳定性的产物。自然现象的重复规律滋养了埃及人那种特有的冷静而理智的设计思想。

史前，由于非洲北部气候的变迁，生态结构变化导致了大面积沙漠的形成，迫使人们向肥沃的尼罗河峡谷转移，在那里，他们开始从事农业耕种并定居下来。如同在美索不达米亚，以家庭和部落为单位已难以满足大兴水利的要求。这里所需要的是组织和权威来确保人们共同生存的利益，中央政府因此而产生。由于河道运输的便利，这一集权管理的权威也得到了巩固。与此同时，法老（Pharaoh）开始享有至高无上的权力，成了惟一的统治者。实质上，自公元前 3200 年以后法老便拥有了埃及。法老的统治机制是官僚、军事寡头与祭司的结合。奴隶和战俘是在农闲季节从事大规模非生产性建

4-1　俯瞰埃及金字塔。

4-2　埃及神庙的巨大石柱。

4-3　阿布辛拜勒神庙前的拉美西斯二世雕像。

筑活动的人力来源。尼罗河的西面是利比亚沙漠，东面是阿拉伯沙漠，南面是努比亚沙漠，这些沙漠首先是抵御外来侵略的自然屏障。在古王国时期（The Old Kingdom 公元前 2686—2181）根本就没有外敌入侵。到中王国时期（The Middle Kingdom 公元前 2040—1786），来自叙利亚的游牧部落喜克索（Hyksos）人曾一度入侵并统治了埃及。驱除了外族的入侵之后，埃及的历史进入了新王国时期（The New Kingdom 公元前 1567—1085）。新王国完成了开拓疆土的业绩，远征到了两河流域。亚述人于公元前 671 年进攻埃及，公元前 525 年，波斯人也曾占领过这片土地，而公元前 332 年，亚力山大成为了这里的征服者。

埃及人的信仰是多元的，所信奉之神不计其数。人的智慧与猛兽强悍的身体的结合，产生了斯芬克司（Sphinx）的形象。太阳神——拉（RA）是最主要的神，他创造了尼罗河，从东向西的运动象征着生命、死亡乃至复活的过程。法老被视为太阳神之子，一个神化了的人。埃及人追求一种非现实的永恒人生，对于自然事物

的原因并不深究，他们所取得的大量的数学成就来自于他们的经验而不是推理。由于自然现象的规律性。经济上的稳定和国家安全的相对保障（很少有外来侵略），使埃及人能有机会思考未来，他们不但正视现实世界，而且把将来想象为现在的延伸以至未来的永恒。在他们的心目中，法老象征着永恒的生命与现实的灵魂之间的精神纽带，人们创造了伟大的纪念性建筑物，以体现现实世界与未来世界之间的思想和永恒的意念。

古代埃及人最早掌握的知识是有关天文和数学方面的。二者都是为了实际的目的：计算尼罗河泛滥的时间、设计金字塔和神庙的建筑，以及解决灌溉和经济职责的社会监督等复杂问题。

埃及人在金字塔和神庙的建筑中创造了堪与现代工程相比的成就。虽然他们只有极少的物理知识，但他们知道斜面的原理，并在工程中加以广泛的运用，另一方面却对滑轮的运用一无所知。在工艺上应当归功于他们的还有冶金方面的相当高的成就、日晷的发明、造纸和玻璃制造技术等。

4-4 底比斯古城的埃及法老的黄金面具。

4-5 底比斯古城王室陵墓前的雕像。

4-6 埃及神庙的石柱。

4-7 哈佛拉金字塔。

古代埃及的环境设计

对埃及人来说，审美是视觉的，而不是实用的。日光比夜空更为重要。瞬息变换的光影处处都能感受到。纪念性建筑的形象是受了山体，特别是那些不朽的花岗岩石崖的形象的启示。因此，神庙、陵墓和纪念碑的尺度是超凡的，以便体现精神超越于现实生命。

在这一文明的框架中，埃及人的住宅和花园也达到了相当的水平。所有的表现性艺术都带有几何形状的原型，人们似乎以此来捕捉现实的生命力量。住宅建筑往往是低层的平顶屋，内部空间也极为俭朴，装饰物极少见，主要建筑材料是非永久性的泥和木材，所以这类建筑也难以长存。

富裕人家花园的设计是在有控制的几何范围中进行的，可惜这些花园已荡然无存。虽说这里没有自然的绿地，但是，这些几何式的花园和农业灌溉系统的丰富线条美化了尼罗河两岸的地貌。这里山崖重叠，东面是庙宇，西面是陵墓。

古代埃及最辉煌的建筑成就是金字塔和神庙。这一类纪念性的建筑大多是用花岗岩或石灰岩材料筑成，坚固而富有象征性。金字塔像山岳一般挺立着。守护着神庙入口的一对牌楼是峡谷左右两旁的悬崖。神庙的柱子像一簇纸莎草或棕榈林或荷叶丛一般。方尖碑顶上镶金，象征太阳的光芒。这一切建筑活动都是以深奥的几何知识为基础的。黄金分割律为后来的希腊人所采用，以控制建筑比例。由于阳光明媚，光线充足，建筑物都封闭而较少开启，所有建筑物的墙面给人以深刻的整体印象。而且，自然雕琢的岩石肌理和大量精制的图案、雕刻形象和绘画作品进而丰富了建筑艺术的感染力。

最早的一座金字塔至少在公元前 2700 年已经存在了。它的建造花费了大量的劳力和物力。据专家估计，仅仅为了建成吉萨（Gizeh）的胡夫金字塔，就得雇佣 10 万人劳动 20 年。这座金字塔通高 146.5 米，所用石灰岩 230 万块。其砌工之精确，甚至现代的石匠也难以企及。每块石头重约两吨半。显然是用钻、楔等工具将它从石崖上开凿下来，然后由一大群人拖上土坡，再撬起来放置好。

在古埃及的后期，神庙建筑取代了金字塔成为主要的建筑形式。至今仍有许多建筑雕刻华丽的大圆柱的遗迹保存下来，成为杰出建筑成就的无声见证。这些圆柱的尺度都惊人地庞大，其中最大的高 20.4 米，直径超过 3.57 米。据估计，这些圆柱的顶上可容百人站立。

在萨卡拉（Saqqara）、达舒尔（Dahshur）和吉萨（Gizeh）的金字塔是最早也是最简洁的。然而，不论用何种方式去观察，它们至今仍然是地球上体现人类抱负的最雄伟并且是绝无仅有的纪念物，后人难以继续这种壮观的纪念性景观设计手法，因为，埃及人的生死观与哲学是很难为他人所追随的。

4-8　底比斯古城王室陵墓远眺。

4-9 底比斯古城王室陵墓前的雕像。

4-13　卡纳克的孔斯神庙（Khons月神，约建于公元前1198年）牌楼门两翼外壁的石刻。

4-10　金字塔的内部。（左上图）

4-11　古代埃及壁画中的花园，画中反映了古代埃及人对环境的概念。（左中图）

4-12　阿布辛贝勒，阿蒙神大石窟庙，新王国时期第十九王朝，古埃及石窟建筑中的杰出代表，全部凿岩而成。门前有四尊国王拉美西斯二世的巨大雕像，像高20米。（左下图）

4-14 萨卡拉的昭赛尔金字塔（Pyramid of Zoser）建于第三王朝，约公元前 2778 年，为古埃及现存的金字塔式陵墓中最早者。（左上图）

4-15 德·埃·巴哈利建筑群，由两座陵墓兼神庙组成，即曼特赫普庙和哈特什普苏庙，前者把传统金字塔与底比斯的石窟墓（又称崖墓）结合起来，后者巧妙地利用了地形。两座庙的主体建筑同建在一大平台上，与山岩结合和谐。（左下图）

4-16 吉萨金字塔群，建于第四王朝，约公元前 2723—2653 年，在今开罗近郊，主要由胡夫金字塔、哈佛拉金字塔、孟卡拉金字塔及大斯芬克斯组成，胡夫金字塔是其中最大者。形体呈正方锥形，四面正向方位。吉萨金字塔群是埃及金字塔中最杰出的代表，是古埃及文明的象征。（右下图）

4-17　吉萨的大斯芬克斯。（上图）

4-18　底比斯十八王朝的陵墓。（左下图）

4-19　卡纳克的阿蒙神庙柱厅（Hypostgle Hall 公元前1312—前1301年）。所有太阳神庙中最大者。宽103米，进深52米，面积达5 000平方米，内有16列共134根高大的石柱。（右下图）

第二节　人与神共享的地方
——古希腊的环境设计

在古代世界的所有民族中，其文化最能鲜明地反映出西方精神的楷模者是希腊。希腊人赞美说，人是宇宙间最伟大的创造物，他们不肯屈从祭司或暴君的指令，甚至拒绝在他们的神祇面前低声下气。希腊人的世界观基本上是非宗教性和理性主义的；他们赞扬自由探究的精神，使知识高于信仰。在很大程度上由于这些原因，他们将自己的建筑与环境设计的文化发展到了古代世界必然要达到的最高阶段。

古代希腊自然与历史背景

古希腊包括希腊大陆、伯罗奔尼撒(Peloponnesus)、爱琴海群岛和安纳托利亚（Anatolia）的西海岸。从地理上讲，它是东西半球的交会点。与喜马拉雅山脉和阿尔卑斯山脉相比，希腊的群山虽常常被云雾所笼罩，但却是低矮的。在希腊大陆上，连绵不断的山脊或山峰将土地和海岸划分成相互隔离的小块，大海给希腊人提供了在锯齿形海湾之间乘风航行的勇气。但是，风、雨、雾和突如其来的风暴也不时给人们带来一定的威胁。这里空气新鲜，气候多变，但总的来讲还是温和而宜人的。阿蒂卡（雅典所在地）的年平均气温在摄氏 17 度左右，与在伯罗奔尼撒的斯巴达（Sparta）不同，它是个自给自足的社会。雅典到了公元前 6 世纪已成为了这一带的中心。这里虽然土层不厚却能种植橄榄、无花果和葡萄，并以此与外邦或殖民地交换谷物。

古代希腊是欧洲文明的发源地。当欧洲大部分地区尚处于蛮荒状态时，那里已经有了高度发达的物质文明和精神文明了。首先是希腊，尔后是罗马，先后经历了奴隶社会由盛及衰的各个阶段，它的文明正是建立在奴隶社会的基础之上的。另一方面，希腊的文明不仅是自身文化发展的结果，也是受到美索不达米亚、埃及等地区文化影响的结果。

希腊文明与美索不达米亚和埃及文明平行，或许相互联系。克里特岛（Crete）上的社会大约存在于公元前 2100—1600 年，这里生活着一个以海

4-20　雅典的帕提侬神庙（约公元前 417 年），雅典卫城的主体建筑，该庙尺度合宜，饱满挺拔，风格开朗，各部分比例匀称，雕刻精致，并应用了补差拉正手法的加强效果。从 19 世纪下半叶开始，它被认为是西方古代神殿中最完美的一个。（对页）

4-21　圣山阿索斯，位于哈尔基季基半岛的东南端，海拔 2 033 米，面积 364 平方米，风景非常迷人。

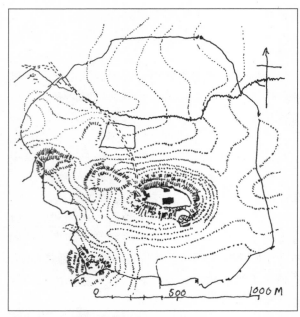

4-22　古代雅典卫城示意图（约公元前5世纪）。

洋为生的有个性和冒险精神的种族，他们有着一种原始的自由、民主思想。从克里特岛源起，早期的地中海文明传到了在伯罗奔尼撒的迈锡尼（Mycenae）。在遭受来自北方的不断入侵之后，希腊城邦到了公元前6世纪已趋向成熟，它们是一些自成体系的、松散的联合体，时有争斗，和平只是在奥林匹克竞技时才得以实现。虽然经历了暴君、寡头政治和民主的轮流统治，但是，他们都尊重哲人，依靠海上贸易为生。希腊人的宿敌是波斯人，公元前500年在爱奥尼亚（Ionian）海岸的希腊城邦起来反抗波斯人的统治，在公元前490和480年，古希腊又受到波斯人的入侵。在培里克里斯（Pericles 公元前495—429）统治时期，雅典成为了多里安（Delian）联盟的龙头，以确保联合海防线，达到了权力和繁荣的鼎盛时期。公元前404年，雅典被斯巴达人打败，马其顿的腓力浦（Philip）和他的儿子亚力山大大帝（公元前356—323）统治了希腊，直到公元1—2世纪为罗马人取而代之。

4-23　雅典卫城的帕提侬神庙遗址的一侧。（左下图）
4-24　巴赛的伊壁鸠鲁阿波罗神庙远眺。阿波罗神庙外部朴实无华，内部装饰十分精美。这里的立柱很好地体现了多种建筑风格结合的特点。（右下图）

对完美的追求——希腊的环境设计

斯巴达人拥有自给自足的经济，在自己的山地国度里他们形成了一种防卫性的、偏狭的而最终没结果的思想方法。而雅典人却恰恰相反，他们向所接受的物质上的自给自足挑战，到大海上去冒险，因此，他们向原有的生活信条提出了质疑，出现了纯理性的哲学家。他们的推理基础不是神话，而是在科学事实积累基础上，用智慧去推断事物的法则。希腊人从美索不达米亚人那里继承了众神的观念。然而，随着希腊人思想的发展，他们逐渐淡化了这种宗教意识。哲学家和数学家柏拉图（Plato）认为，真理高于现实世界，神支配着人与时间。人总是期望和追求着完美，而完美则反映在恒定而永恒的数学原则上。很明显，柏拉图受了埃及几何学的影响。逻辑学家和生物学家亚里士多德（Aristotle）则更强调对现实世界的理解和认识。柏拉图是唯心的，而亚里士多德从某种意义上讲是个生态平衡主义者，是他开创了一个理性与思考的世界。

从数学形式中寻求完美源于萨姆斯岛（Samos）的毕达哥拉斯（Pythagoras）。他第一个发现了空间与音乐的比例关系。柏拉图用相关的数字来思考并描述宇宙的秩序与和谐。用鲁道夫·威考尔（Rudolf Wittkower）的话来说："不仅所有的音乐是和谐的，天体和人们的灵魂机制也一样是和谐的。"如果说埃及人的数学形式来源于人们对于自然现象的体验，那么，希腊人对数学形式的审美则是主观的和先验的。庙宇就是一种以空间秩序的意识去寻求比例、安全和平静的典型，它是整体的大宇宙观的缩微。除僧侣外，庙宇是供人观赏而不讲求其实用价值的。无论其周围的景观是优美的还是平淡的，希腊建筑不是去控制景观而是去与风景联系或协调。它启示了后来的理性主义规划，导致了罗马帝国的非常现实主义的设计思想和相应的物质建设成就。

基于早期的木结构建筑型制，希腊人发展了自己的石结构。庙宇平面呈方形，梁架结构简单，坡顶。这一型制也逐步发展成为欧洲建筑的基本型。帕提侬

4-25　从仰视的角度看雅典卫城。

神庙（Parthenon）全部用白色大理石构筑而成，如同一尊雕塑，它的每一个局部在视觉上都很讲究，远近视矩、视差和太阳的光影都在细部设计的考虑之中。这些不仅是出于技术上的考虑，同时也反映了希腊人的观念，特别是反映了他们的美学思想。虽说希腊人采用的是一般的方盒子，但是，他们通过对于几何比例的刻意追求，将一个普通的方盒子升华到了完美的地步，实现了柏拉图的基本美学思想。

希腊古典建筑给后人留下的并不仅仅只是建筑的型制本身，更多的则是与建筑结合在一起的环境意识。帕提侬神庙所具有视觉上的震撼力并不仅仅在于建筑本身，也在于它与环境的联系。建筑物的美学力量在这些建筑的底下：是那些巨大的山岩支撑了这些建筑使之耸入云霄，这些青色和赭石色的山岩同其上方的大理石建筑形成鲜明的对照；这些

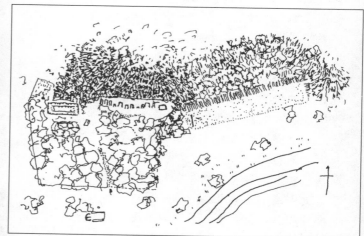

4-26 爱琴海上的提洛岛的石狮子。（左上图）

4-27 奥林匹克的场地遗址。（右上图）

4-28 德尔菲的考古遗址。（右下图）

山岩参差不齐的轮廓线，即使其顶部筑有陡峭的高墙，也同神庙建筑物壮丽的几何体形成对照。即使在夜晚的月光下，面对雅典卫城，也是一种宗教般的体验，其效果胜过任何刻意的安排。

希腊人不筑城堡，其宫殿向周围的景观敞开。生活是家庭化的，并有着令人赏心悦目的花园。希腊人的花园往往是中庭、果园或书院。按照柏拉图的说法，有序的景观有利于治学。然而，相对于更为广阔的自然景观，这一切都是次要的。希腊的自然景观看上去都是高低起伏的山丘，每一处都有其地灵和神韵。庙宇往往坐落在山地的显要处，不时地强调自己是山体的一部分，与山体有着不可分割的联系。这里往往没有人为的轴线来贯穿于建筑群。在希腊，无论是神庙、剧场、集市或住宅，它们都从规划的角度从属于自然景观。所谓"理性"的规划设计思想所导致的对于自然价值的不同立场，始于米利都城（Miletus）富有智慧的城市规划及其后来的发展。

4-29　古代希腊的露天剧场。（上图）

4-30　雅典卫城伊瑞克仙神殿两面的"圣橄榄树"。（中图）

4-31　德尔斐的阿波罗神殿遗址。（下图）

4-32 雅典风塔（约公元前 48 年），希腊化时期的实例，建于雅典中心广场上，是一观测气象的建筑物。顶上有风标，平面八边形，檐壁刻有风神、日咎，由于墙面石块雕刻过大，使建筑尺度比例失调。（上图）

4-33 坐落在卫城山下的丛林中，酒神古剧场仿佛与世隔绝。（下图）

4-34 从卫城上望古希腊时期市场区景色，远景为火神殿。（对页）

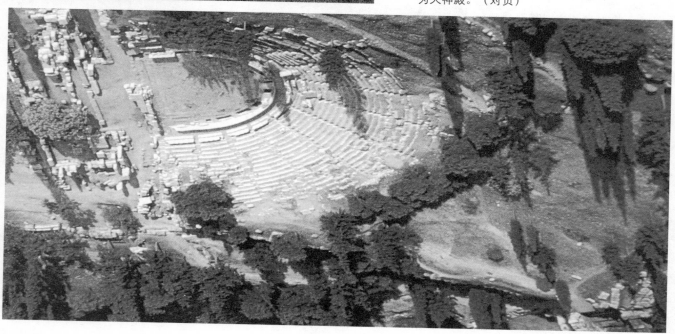

4-35 古罗马斗兽场遗址外景。

第三节　权利与享乐的象征
——古罗马人的追求

西方古代世界的文明在希腊时代之后，到罗马帝国时代又经历了一个兴盛的时期，辉煌之极也曾令后人瞠目。

罗马的历史和文化

其实远在希腊繁荣开始衰落之前，在很大程度上来自希腊文明的另一处文明，在意大利的台伯河两岸已经崛起了。当希腊人进入黄金时代之时，罗马已经是意大利半岛的主宰了。此后的六个多世纪，它的势力增强了，而当希腊的鼎盛之光黯然失色之后，在文明世界中，罗马依然保持着霸主的地位。罗马的实际建立者是居住在台伯河南部拉丁姆地区的意大利人。拉丁姆包括许多城市，但罗马凭借它的战略位置，很快便占领了最主要的几个城市。经过三番五次的征伐，至公元前 6 世纪末，它所管辖的领土，与整个拉丁平原的范围，自亚平宁山麓至地中海，可能不相上下了。

罗马帝国在其建立后的几百年间的历史几乎是一部连绵不断的战争史。随着人口的急剧增长，罗马人已经是一个骄横、侵略的民族，到新领土上寻找出路的要求比以往更加迫切。他们最后的征服地竟包括了意大利最南端的希腊城市。这些城市的占领，不仅扩大了帝国的版图而且使罗马人与希腊文化进行了卓有成效的交流。此后，罗马人经常面临被其征服的民族的起义。对这些起义的镇压导致了更多的战争。到公元前 265 年，除波

4-36　古罗马市场遗址。

125

河流域外, 罗马征服了意大利半岛。在这之后, 公元前264年开始的对迦太基人 (Carthage) 的战争最后导致了对希腊和小亚细亚的征服, 并在埃及建立起保护国。因此, 整个地中海地区实际上已经置于罗马的管辖之下。对希腊化的东方的征服导致了半东方观念和习俗对罗马文化的影响。尽管罗马曾试图给予抵制, 然而这些观念和习俗, 在改变社会文化生活的某些方面, 依然发挥了巨大的作用。

公元100年, 罗马帝国的疆土已扩展到西经10度 (西班牙), 东经45度 (底格里斯河和幼发拉底河), 从北纬25度 (埃及的菲勒Philea) 到北纬55度 (英格兰的哈德良城墙)。自古以来, 没有一个帝国有如此广大的疆土、多样的气候条件、不同的民族和地域上的丰富人文与自然景观。意大利不同于希腊, 它地处地中海地区的中心地带, 缺乏自然海湾, 但是, 内陆交通相对发达。亚平宁山脉 (Apennines) 将意大利中部一分为二, 其西部海岸的平川为伊特拉斯堪人 (Etruscan) 所拥有, 最南部是希腊殖民地。本土的树种为橡树、栗树、圣栎和五针松。伊达拉里亚人显然引进了橄榄和葡萄。罗马城位于第伯尔河 (Tiber) 岸边七个起伏的山丘上。这一带气候温和, 附近的山地为避暑胜地。同时, 这里的建筑材料丰富, 有大量的砖、石 (特别是大理石) 和木材。特别要提及的是作为粘结和填充建材的天然混凝土——火山灰, 它的运用给罗马人提供了大兴土木的可能。

最初, 罗马人只是一个伊达拉里亚人 (Etruscans) 统治下的部落, 伊达拉里亚人可能是来自小亚细亚能干的建筑工匠。公元前509年罗马成为独立的共和国。公元前270年它控制了整个意大利, 公元前146年罗马人灭迦太基 (Carthage), 于公元116年图拉真 (Trajan) 建立了罗马帝国。帝国的鼎盛时期是从奥古斯都 (Augustus, 公元前27年) 统治时期开始的。然而, 2世纪之后, 罗马帝国便开始衰落。公元365年罗马分裂为东、西罗马。公元476年, 西罗马帝国覆灭。在意大利, 国家强大和经济稳定是建立在对外征服和强加给殖民地沉重税收的基础上的。帝国衰落的原因则是内部的混乱与腐败和对农业经济的破坏。小农庄因此而变成了为大地主所拥有的、由奴隶耕作的割据

4-37　叙利亚巴尔贝克神庙遗址。(上图)

4-38　德国特里卡尔的古罗马时期的"黑门"(公元4世纪)。(下图)

4-39 凯旋门。凯旋门是古代罗马人创造的纪功建筑形式。

点；土地又被出征归来的将士强行瓜分；加上驻扎在边远地区的部队军纪松懈、目标丧失，于是，罗马帝国已无力抵御来自北方的蛮族的入侵和来自东部的外族的军事压力而最终崩溃。

罗马人的责任感和服从精神来自于普通家庭的教养和信念。尽管母亲在家庭中倍受尊重，但是，父亲往往是家庭的绝对权威。罗马人的家庭都供奉着与农业的兴衰有关的神灵，而每个家庭都供奉着其特定的"守护神"。另一方面，公众的教义由保守的统治阶级维持。公元前 27 年以后，帝王的绝对权威得到了巩固。为了维护稳定的社会秩序并摄取巨大的物质财富，上层统治阶级制定了军事和民政管理的法律。罗马人在这个强大的军事社会里几乎没有产生自己的哲学，教育上也只能借鉴希腊人的思想。但是，奥古斯都时代的诗人维吉尔（Virgil）、奥维德（Ovid）和霍拉斯（Horace）在他们的作品中对风景美提出了自己创造性的见解，反映了罗马人在帝国思想外衣下的敏感性。在黑暗时代（Dark Ages）里，与基督教的汹涌兴起相关，柏拉图派的哲学家普洛泰纳斯（Plotinus d.270）以新的教义育人：美、自然和智慧是通向神灵之路。

4-40　位于意大利西西里岛阿格里真托考古地区的古建筑遗址。（上图）

4-41　加尔桥，位于法国加尔省，公元前 20 年，罗马人开凿了长约 50 公里的尼姆水渠，以解决乌苏城里的用水问题，为让水渠跨过加尔河，罗马人又修建了这座桥。（下图）

罗马时期的建筑与环境设计

在亚力山大大帝（公元前 338 年征服西亚时期）开始的希腊风格的理性城市规划思想取代了希腊原本的城市设计思想，为后来罗马人的秩序化城市规划打下了基础。景观设计到了奥古斯都时代以后达到高峰，为后世某些奢华的生活方式和田园生活作风创造了设计的原型。富家花园规模庞大，所有的建筑，无论是圣殿、公共建筑还是富人的住宅都与希腊神庙的一般形式相对应。虽然罗马人持有一种去控制自然景观的设计意念，但是，在一些小的景观设计活动中，诸如梯沃利（Tivoli）的女灶神神庙（完成于约公元前 27 年），在一些荒漠中壮观的城市设计上以及在一系列工程技术业绩，特别是其输水道工程上，罗马人试图建立人为秩序与自然景观之间的和谐。罗马的象征就是在地图上笔直划过的道路。罗马人的建筑艺术原理来自希腊，但是，罗马人在建筑形式的综合处理上，在城市外部空间的组织上比希腊人走得更远，也更深入。

罗马人是天生的工程师。他们不满足于梁架结构，而是创造性地运用了天然混凝土——火山灰，发明了拱券，增大了建筑跨度，进而发掘了建筑造型的可能性。与希腊人的建筑不同，罗马人的建筑更强调墙体，以及为满足一定功能需求在墙上所作的开启。这也正是建筑设计保持一定节奏和比例关系的基础。由于柱墩与拱券发挥了相当大的结构作用，柱子有时变成了装饰。柱子加拱券又发展成了连续券，进而创造了建筑物的水平韵律。某些巨型结构，如剧院、大浴室自成一体，控制着景观，甚至不惜去改造地形来实现。单个的建筑"群体"设计，如古罗马广场或哈德良（Hadrian）别墅的设计有时是相当精巧的。但是，在大多数情况下，建筑群体的组合是带有偶然性和随机性的。罗马人注重现实生活，建筑类型和内部空间的设计内容可以说是空前丰富的。也是罗马人最讲究对艺术品的占有和它们在室内空间的运用。罗马的万神庙和大浴室的内外空间以及王公贵族、富商的宅第和别墅可以说是古代文明史上的环境设计典型。

花园作为建筑的延伸，始于罗马周围的农庄设计。小花园的传统来自庞培（Pompeii）和其他地方院落花

4-42　梯沃利哈德良离宫，位于罗马以东风景优美的萨宾山脉南坡，占地约300公顷，内部宛如一个城市，包括宫室、浴场、图书馆、剧场、花园、台坛、林荫道、水池、柱廊。它被认为是古罗马帝王宫苑中最迷人的一个，其迷人之处首先表现在建筑、园林和周围大自然的完美结合上。图示为宫中哈德良居所——"圆居"遗址。

园的发展与延续。随着富户和有丰富阅历的庄园主的出现，以及对希腊风格的亚力山大大帝花园和西南亚洲花园的了解，乡村住宅的重要性和意义已为罗马人所认识。小普林尼（Younger Pliny，23—79）给后人留下了表达建筑形成意识的、有着特殊价值的细节描绘：人行林荫道、海景、乡村景观、联接住宅与花园并饰有浪漫墙画的阴凉柱廊、雕塑、修剪植物、盆栽、水景和石洞等等。花草与雕像来自整个王国的各地，庄园用了大量的奴隶劳力来维护，并保持着花园与农田之间的平衡。罗马城本身成了一座公园城市，它沿着第伯尔河两岸展开，与相邻的贫民窟形成了鲜明的对照，以至于朱利厄斯·凯撒（Julius Caesar）和后来的帝王都把庄园御批为公园。

罗马悠久的造园传统还得益于在古代希腊的造园艺术，在希腊园林艺术的基础上发展起了大规模

的庭园。公元2世纪，哈德良大帝（Hadraian，公元117—138年在位）在罗马东郊梯沃利（Tivoli）建造了著名的哈德良山庄，该园面积达18平方公里，由一系列馆阁庭院组成，作为施政中心。除了御用的起居建筑外，还有层台柱廊、剧场浴池，其中有不少建筑像避暑山庄一样，是仿效皇帝巡幸帝国所见名迹，归来后营建的。到公元408年北方异族入侵意大利时罗马城区的园庭多达1780所。

4-43　古罗马市场遗址。

4-44　罗马大角斗场外立面局部。大角斗场的结构为常见的混凝土筒形拱与交叉拱。立面高 48 米，分四层，底下三层为连续的券柱式拱廊，由下而上依次为塔司干式、爱奥尼克式和科林斯式，第四层为实墙，外饰的科林斯式壁柱。（左下图）

4-45　罗马大角斗场的剖面。（右下图）

4-46 庞培城的维提府邸，典型的古罗马府邸之一，沿中轴线布置有两进：前面一进的中央是一个上有一矩形采光口，下面与采光口相对处为一个水池的大厅，称为中庭。后面一进的中央是一回廊内院，室内装饰富丽堂皇，墙上壁画颜色鲜艳。地面铺砌彩色大理石。（左上图）

4-47 庞培城维提府邸的壁画。（右上图）

4-48 罗马的大角斗广场俯瞰，始建于公元70—80年，古罗马大型城市娱乐建筑。是所有圆形剧场中的最大者，平面呈长圆形，长径189米，短径156.4米。

第四节　心灵中的伊甸园
——中世纪欧洲的环境设计

欧洲中世纪是一个非常宽泛的概念，因为它不仅包括一个极为广阔的地理区域，而且又包括一个时间上的巨大跨度。我们无法用简单、抽象的定义来概括欧洲建筑与环境在中世纪中的发展过程。我们只希望能用一些较客观的事实来澄清长期以来人们对中世纪含糊的认识。

自然与历史背景

阿尔卑斯山和比利牛斯山将欧洲大陆分成了两个不同的气候带：地中海（Mediterranean）气候带和大西洋（Atlantic）气候带。前者较宜人，古代城市大多起源于此。阿尔卑斯山北部则比较寒冷，时有来自大西洋及海湾温和而潮湿的海风。这里没有极寒与酷热，水网与陆地相互交织，促进了航海业的发展，提供了运输的便利。北方的天空总是云遮雾罩，天气阴晴不定。阔叶坚硬树木代替了前冰河时期的针叶树木。首批农耕者在相互隔离的森林空地上建起来的小村庄中种植小麦。人口最稠密的地方是比利时及其附近地区，因为该地区是开阔的平原。北部是斯堪的纳维亚地区（Scandinavia），那里有寒冷漫长的冬季，多山地。东面是人们很难涉足的普里佩特（Pripet）沼泽地，暖风与此地无缘，跨过沼泽地便是俄罗斯的北部森林和南部平原。再往北穿过法国，直到英格兰的泰尼（Tyne，北纬55度）到处都是那些昔日的古罗马文明的遗迹。

313年在罗马帝国取得了合法地位的基督教是中世纪发展的基本驱动力。罗马迁都至拜占廷（Byzantium），但内部斗争使教庭分裂为东罗马的东正教（Creek Orthodox）和西罗马教堂（Roman Church）。希腊教堂的势力自拜占廷向北扩展，于11世纪到达基辅。1453年，奥斯曼帝国的土耳其人（Ottoman Turks）占领拜占廷。在西部，公元476年西罗马帝国在日耳曼人入侵的浪潮中灭亡。此后，中世纪的欧洲成形。英法两家又成了长期的竞争对手，

4-49　位于法国诺曼底海岸外2 000米的大海上的圣米歇尔山和海港。（对页）

4-50　神圣罗马帝国皇帝家族的双塔，位于圣吉米尼亚诺的杜莫广场北侧，意大利的锡耶那。（上图）

4-51　约克郡，瑞伏尔克斯修道院的地理位置，建于1131年。（下图）

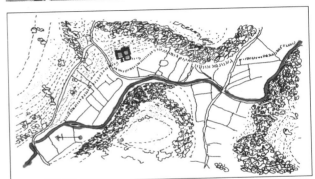

4-52 位于意大利巴里的阿尔贝罗贝洛的石顶圆屋。（左上图）

4-53 希腊的梅斯特拉山谷及修道陵遗址，位于希腊的卡兰巴长城的北面。（左下图）

4-54 意大利巴西利长塔省马特拉的石窟民居。（右上图）

4-55 马其顿南部的奥赫里德城，城内有许多中世纪的建筑。（右下图）

而德国的统一时期并不长，很快便分裂成了许多由领主控制下的小王国。与此同时，来自中东的与罗马教庭抗衡的禁欲主义通过意大利漫延及整个欧洲，甚至扩展到了远方的凯尔特爱尔兰（Celtic Ireland 400—800）。西班牙人始终在与穆斯林抗争，到了11世纪，十字军东征之后，欧洲几乎全部为基督徒所控制。商业和学术活动得以普遍展开，大学也在这个时期建立起来。各地的君主已不满足于有限的权力，开始与罗马教皇明争暗斗，随着商业发展而成长起来的新贵们也开始向封建领主挑战。公元1400年，佛兰德（Flanders）超过了意大利成为新兴资产阶级的商业中心，其独立性和文化成就已高于其他北欧诸国。

基督教引入了一个全新而简单的理想：博爱。在罗马帝国行将覆灭之际，在一片混乱和彷徨之中，基督教那种寄希望于来世的思想是易于深入人心的。为了信仰，许多有个性的人逃离社会，到深山老林去修炼，从而形成了一个新的阶层。在中世纪初期，俗人，甚至国王都可能是文盲，修士与领主的存在客观上在整个所谓黑暗时期，保存了西方文明的遗产。中世纪伟大的哲学家奥古斯丁（ST Augustine，354—430）相对于人的城市写成了神的城市

《City Of God》。在科尔多瓦（Cordova）的穆斯林学者阿夫罗伊斯（Averroes，1126—1198）注释并传播希腊哲学，基督教学者阿奎纳斯（ST Thomas Aguinas，1225—1274）也曾从神学的角度研究了亚里士多德。然而，没有文化的大众只能是盲目地跟随简单的宗教教义生存：善者上天堂，恶者下地狱。

对西方中世纪文化、建筑及环境具有深远影响的是中世纪的基督教修道院制度。修道院制度不仅具有一种独特的宗教功能，因为它促成了与大众化教会有别的精英式的僧侣教团的形成，而且由于其独特的补赎理念和组织形态，具有影响深远的社会文化功能，因而它是欧洲文化传统形成的重要因素。一般而言，修道院在这几方面具有重要影响：在文化的传承上，它使因蛮族入侵后湮没的罗马文化得以保存；在教育方面，修道院把拉丁基督教文化带入了蛮族社会，尤其在农民阶层中开启文化教育；在经济上，修道院不仅通过自给自足的、独立的经济形式发展出一种独特的财富占有形式，而且发展出清贫劳动的经济伦理。虽然长期以来，对中世纪的认识被限定在一个有限的范围内，但它在西方文明历程中的重要影响是不应当忽略的。

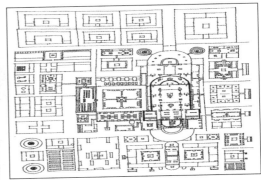

4-56 奥赫里德城圣克莱门特教堂，建于1295年，是城里最著名的中世纪建筑之一。

4-57 从这张复制的中世纪建筑的平面图来看，中世纪理念是封闭的，也是主观。

中世纪的遗产——建筑技术与工艺

漫长的中世纪给后人留下的遗产中还包括了丰富的建筑技术与工艺的成就。中世纪时期的建筑业与我们今天所能想象的那种情形可能有较大的出入。中世纪的建筑业所遵循的那种模式比当时所处的社会有着令人惊讶的超越。中世纪的建筑者在某些方面确实具有相当的现代意识。譬如，建筑设计者已经意识到了某些标准化计量的优越性，诸如建筑用砖的尺寸等。1264 年，法国的杜埃（Douai）就已经颁布了一条法令，详细规定了方砖（carreaux）必须面宽 6 英寸 ×8 英寸。作出这种规定的最主要原因是运输费用的昂贵，因此习惯上在把建筑材料运到工地之前，尽可能将这些材料预先加工好。

中世纪的建筑师在当时占有较高的社会地位。一位中世纪的建筑师（中世纪早期，大部分的建筑师都是僧侣）通常被归入一种比较优越的社会阶层中。一个成功的建筑师还可能拥有某些特权：他的作品通常都刻上自己的姓名。这些建筑师还可能拥有自己的石工和其他工人。人们也曾发现一位建筑师同时管理着几项工程。建筑工人的领班尽管也有粗略的计划，而且也注意到实施中的细节，但是他还是主要依靠自己的经验而不是科学。法国中世纪著名建筑师维拉尔·德·奥内库尔（Villard de Honnecourt）的《草图集》就反映了他们感兴趣的事物——现有建筑的细部，因为这些都可能被用在未来的建筑上。但是还没有一种迹象表明当时有统一的建筑理论的存在。当时

4-58　德国的科隆大教堂，其前身是卡罗林格朝代建造的，具有早期基督教建筑的朴素风格，重建的大教堂被誉为"欧洲中世纪建筑艺术的精粹"。（左图）

4-59　中世纪保存下的纸革纸上意大利某教堂草图。（右图）

4-60　莫瓦萨克修道院，莫瓦萨克始建于公元1100 年。法兰西王国卡培王朝时期，法国中世纪修道院回廊式寺庭。（对页图）

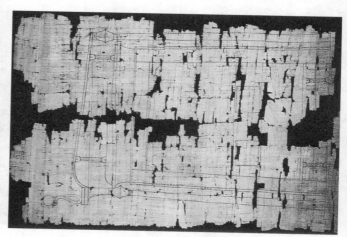

的建筑工艺和设备都是极简陋的，从一些当时保存下来的绘画作品中可以看出，那些宏大的教堂也是借助一些简单的脚手架和绞车建造的。由于这种经验主义的方法，也由于中世纪宗教狂热的想象力，这一时期的建筑工艺常常是超越其所能，结果常常引起一些建筑的大规模的崩塌。也正是在这样一种宗教狂热激情之中，中世纪的建筑师们创造了中世纪建筑艺术的最高成就——哥特式风格的建筑。

这种新的风格最初产生于法国北部，建筑师发现用交叉拱建造教堂拱顶的方法可以更有效地解决教堂建筑高度与自重之间的矛盾。修长的立柱和细细的"肋"代替了原先厚重的石墙。原先沉闷的空间被"像红宝石和绿宝石般"熠熠发光的彩色玻璃花窗打破了。13世纪和14世纪建造的那些硕大的教堂都经历了漫长的建造过程，在修建的过程中，许多建筑都不是按照原来的设计建造的。即便如此，一旦进入教堂宏阔的内部，巨大的空间似乎是以上帝的名义在向世人宣告天国的荣耀。中世纪的神权至上的精神通过这宏伟的建筑形象地体现出来。

4-61　意大利锡耶那的塔楼，高达94米。锡耶那地区是欧洲中世纪城市的代表，整个城市的设计以中心广场为重点，与周围的风景谐调一致。

基督的天堂——中世纪建筑与环境设计

基督教的信念与表达是与现实的古典的宁静和罗马人对土地的立场相对立的。轮廓线在光线单调的北方是很重要的。除了那些建有城堡的地方之外，其他地方以指向天空的塔楼和教堂的尖顶作为城镇与村庄视觉上的标志。人们并不想将自己的个性强加在自然景观之上，而是期望自己像森林一样有机地成长于大地，成为景观的一个组成部分。花园是种植蔬菜和药材的地方，它也只是建筑的一个并联部分。这种被围墙包住或完全开敞的户外空间逐步在各个居民点形成了一定的景观设计型制。此外，教堂的钟声不时地召唤着众信徒去教堂，这是个与神灵对话的场所。在俄国，从中世纪一直延伸到文艺复兴之后，那里的教堂变得欢快而带有点孩子气，成为人们逃避严酷的自然气候和饥荒的精神避难所。

4-62　意大利比萨主教堂。（左下图）

4-63　意大利比萨大教堂与周围的斜塔、洗礼堂。（右下图）

基督教建筑的缘起是罗马的地道和下水道等秘密场所。在公元4世纪前几乎没有地面建筑。在西方，建筑风格一个接一个地沿革。早期的基督徒沿用的是罗马人的长方形巴西利卡，如大教堂的型制。同时，东正教堂基本保持了拜占廷风格，常用的穹顶就是对在罗马和波斯已得到充分发展的穹顶结构技术的继承。后来，基督教的建筑作风传到了阿尔卑斯山脉以北地区。在这里人们保持了古典的拱券，并进而根据自然光线条件和心理要求发展了哥特式的（Gothic）尖券。这种建筑用坡顶以利排雨水和减轻雪载，开大窗以利采光。这种尖券是由小石材构筑（13世纪）发展而成的，其局部也受了一些穆斯林建筑的影响，但主要还是由于它反映了一种精神的召唤作用。这种结构力学的成就在法国的教堂建筑和英国教堂的室内装饰性结构上达到了技术上的顶峰。同时，不容忽视的是中世纪工匠艺术。正是这种工匠艺术为欧洲文明留下了不少光彩夺目的艺术品。

在整个欧洲处于中世纪的黑暗之中，惟有修道院维系着一丝文明的光明。十字军东征从东方带回了东方的植物和伊斯兰教的造园艺术，在修道院中得以保存。当时的修道院常在院中方形庭院里栽种玫瑰、紫罗兰、金盏草以及各种药草，并在四周建起传统的罗马柱廊，从而奠定了修道院的"寺园"（Cloister Garth）的形式，从某种形式上讲，中世纪的"寺园"也是一种宗教的工具，其艺术上是象征和寓意的。所有与花园有关的艺术也大都限定在宗教的环境里，其渊源可以追溯至西班牙东北部的塔拉戈纳（Tarragona）修道院和穆斯林的清真寺，然后是波斯的伊甸园；另一方面，花园艺术还体现在有围墙的家庭院落花园，城堡中那些有花台、喷泉、亭子的内院中，其间也很难说没有来自东方的影响。除花园之外，大的景观控制在那个年代人们凭的是直觉，而非有意识的设计。人们在自然中的遭遇是多样的，有时也是窘迫的。无论是8世纪的爱尔兰还是15世纪的布列塔尼（Brittany），人们对于郊野的认识都是圣经所赋予的。这个时期的自然观对后世的影响主要有两个方面：一是启迪了18—19世纪浪漫主义；二是建立了基于农场、修道院、城堡和城镇形态的、以对称构图为特征的、理性的景观设计审美标准。

4-64　沙特尔大教堂，位于法国沙特尔市，是法国四大哥特式教堂之一。

4-65 圣索菲大教堂室内（S.Sophia, 532—537），君士坦丁堡。拜占廷帝国的宫廷教堂。中央大穹窿直径32.6米，离地54.8米，通过帆拱 Pendentive)支承在四个大柱墩上。其横推力由东西两个半穹顶及南北各两个大柱墩来平衡。内部空间丰富多变，穹窿之下、券柱之间，大小空间前后上下相互渗透。穹窿底部密排着一圈40个窗洞，光线射入时形成幻影，使大穹窿显得轻巧凌空。厅内部饰有金底的彩色玻璃镶嵌画。设计人小亚细亚人安提莫斯和伊索多拉斯（Anthemius of Tralles and Isidorus of Miletus）。

4-66 韦莱兹大教堂，位于法国勃艮第地区，始建于 1120 年，对法国北部地区的早期哥特式建筑产生过深刻的影响。（左上图）

4-67 韦莱兹大教堂内部的庭园。（右上图）

4-68 英国肯特郡的坎特伯雷大教堂。（左下图）

4-69 西班牙的萨拉曼卡古城的旧大教堂和新大教堂。旧教堂建于 12 世纪，形状像城堡。新大教堂紧邻旧大教堂，建于 1512 年，是西班牙最后一批哥特式的建筑之一。（右下图）

4-70 佛罗伦萨大教堂。

第五节 现实生活的场所
——意大利文艺复兴时期

文艺复兴运动

源于意大利的欧洲的文艺复兴运动对于西方文化和
历史的发展，是一个极为重要的转变时期。这一历史时
期的各方面变革造成了与中世纪文化巨大的差异，这种
差异本身也就是造成文艺复兴运动兴起的因素之一。然
而在看待具体事物的方法上，我们却无法将中世纪与文
艺复兴运动完全割裂开来。文艺复兴时期的建筑与环境

不仅在观念上与中世纪有着一种明显的延续，而且在技术方法上也有一种不可忽略的延续。我们无法详尽地列举更多的事实来体现文艺复兴时期建筑与环境设计的全部面目，只能从对文艺复兴时期意大利的建筑与环境的大量的研究文献中撷取一小部分最有价值的成果，以此来认识整个文艺复兴时期的观念的变化过程。

意大利文艺复兴时期文化与中世纪的一个重要区别在于：文艺复兴运动不但造就了一大批巨匠，同时也唤起了人们自主的创造精神。这是一个变化的时期，同时也是一个创造性的时代。文艺复兴造成了艺术与工艺的分离，同时也造成了设计与生产的分离。设计在某些方面独立成为一种职业的趋向也初见端倪。文艺复兴时艺术家和设计师地位的确立，使得艺术与设计成为某种完全不同于纯手工艺的事物。

然而，文艺复兴时期也是一个巨匠和大师辈出的时代。当时的科学技术有了较大的发展，各种工程机械的设计也达到相当高的水准。为了提高生产效率，人们努力研究运输机械、军用机械和动力工具。达芬奇甚至设计了飞行器，并绘制了飞行器的结构原理图，但终因条件所限未能建造。在中世纪哥特式教堂建筑技术的基础上，人们向往建造更宏伟的建筑，于是出现了各种用途的建筑机械。建筑师桑加洛（Gioliano da Sangallo，1445—1516）在1465年的笔记本中画着12种起重机械，都使用了复杂的齿轮、齿条、丝杆和杠杆等。

以米开朗基罗等为代表的一代艺术大师开创了集艺术、科学与工艺于一身的巨匠时代。然而在大师的身后，却再也没有这般的辉煌。文艺复兴时意大利的艺术家们求助于数学去研究透视的法则，求助于解剖去研究人体的结构。通过这些发现，艺术家们的视野开阔了，他们再也不愿意与那些随时接受活计，根据顾主的要求也可去做鞋、也可以去做柜橱、也可以去作画的工匠为伍。他名符其实地成为一个艺术家，如果不去探索自然的奥秘，不去研究宇宙的深邃的法则，就得不到美名和盛誉。巨变的时代产生了对艺术的大量需求，没落的贵族与新兴的资产阶级新贵都需要艺术来粉饰自己，艺术家的地位直线上升；新兴的资产阶级要用崭新的建筑为自己的荣耀建立永恒的丰碑，建筑师忙着从古希腊的建筑样式中寻找新的灵感。以往是君主把自己的欢心作为恩赐给予艺术家和设计师，而现在的情形颠倒了，艺术家和建筑师接受委托，为他工作，是对富有的君主的赏脸。艺术家和设计师的地位蒸蒸日上。

4-71 威尼斯圣马可广场（Piazza and Piazzetta San Marco，14—16世纪）及其主要建筑。威尼斯中心广场，南濒亚德里亚海，是一由三个梯形平面的空间组成的复合广场。左侧为钟塔，其后是圣马可大教堂，右侧为总督宫。

意大利的自然与文化背景

意大利的气候多变，地形复杂。北方是伦巴第（Lombardy）平原，靠阿尔卑斯山一带天气较冷，中部为冬暖夏热的河谷与平川，其南部则应该是热带性气候。景观设计在这里分三个不同的地方发展：托斯卡纳（Tuscany）、罗马以及从热那亚到威尼斯整个北方。托斯卡纳的景观由丘陵、峡谷和不规则的农田以及房舍构成，在田野上有橄榄和葡萄，偶尔还有冬青与柏科树丛点缀，在这一片庄园的绿色中流淌着黄色的亚诺河（Arn）。罗马的郊外则不同，那儿是一片开阔、平坦而贫瘠的农田和沼泽地，古代的输水渠和道路横穿而过，全部通往围绕古典废墟所建造起来的中世纪小城镇。在托斯卡纳山区水源充足，而罗马周围的山地水源则更加充裕。北部由湖泊和威尼斯的环礁湖组成的景观则更加特殊和诱人。

意大利是由一系列中世纪形成的独立小国组成。小国的君主们虽然相互争斗，但臣服于罗马教皇。早在13世纪，霍亨斯陶芬（Hohenstaufen）的弗雷德里克二世（Frederick II）在德国的神圣罗马帝国和西西里（Sicily）的君主已开始藐视教皇的权威而受到排斥。在意大利，人们从未停止过反对教皇的政治权力。因此，在神学和道德思想上的自由成为可能。特别是在威尼斯，教士们对于现实生活的控制相对较少。这时，强调个性的思想家们首先出现在佛罗伦萨（Florence）。1400年美迪奇（Medici）家族也得势于此，并且对当时的艺术发展产生了一定的影响。自"阿维尼翁之囚"后，天主教文明本身于1420年重回罗马。罗马城因此被再次装点起来，直到1527年西班牙人和德国人废黜教皇。到了15世纪，古典的人文主义已主宰了知识分子的思想，

但是，这种变迁与教堂的繁荣并不矛盾。在教皇朱利厄斯二世（POPE Julius II）时期，两种理念都十分活跃。此时，意大利的大都市兼并了一些小城市，但并没有改变其地方特色。北方的城市在中世纪的基础上也得到新的发展，威尼斯随着它与东方贸易的发展变成了一个国际性都市。

自弗雷德里克（Friderick）反叛之后，人们的思想斗争一直在延续。批准圣·弗兰西斯（St. Francis）和圣·多米尼克（St.Dominic）托钵僧团的同一教皇几年后创立了宗教法庭（1233年）。教堂坚决捍卫已存在的神学体系，毫不留情地排斥任何导致改革的伦理批评，对地理学和天文学的发现也置若罔闻。弗雷德里克二世（Frederick II）较自由地活动于基于意大利、德国、拜占廷和穆斯林文化的西西里岛人（Sicilian）的社会里，也不受限制地鼓励艺术和科学的发展，建立了第一所大学。可以说这是人类伟大发现的开端。此时，无论贵贱，人们已开始发现自己的价值。但丁（Dente）以他神秘的观念，在《神曲》（The Divine Comedy）中祀奉着中世纪的世界；佩脱拉克（Petrarch）和薄伽丘（Boccaccio）保持着与中世纪思想系统的距离并揭示了一种人们预示新世界的心理悟性。在人们对无穷无尽的未知世界进行新的、坚定的探求之时，柏拉图取代了亚里士多德。但是，当时的主要哲学家马基雅维利（Machiavelli，1469—1527）将政治与道德思想分开来加以讨论，并宣扬用目的结果评判手段的思想。无论是善或恶，人类从此将自己视为宇宙的中心。人类的理性力量得到了全面的肯定。

4-73　意大利米兰的圣玛利亚教堂的圣餐厅和多明各会修道院。（上图）

4-74　位于圣玛利亚教堂的圣餐厅的达芬奇的名作《最后的晚餐》。（下图）

4-72　意大利维琴察城市全貌，中央绿色屋顶的建筑为市中心帕拉蒂奥改造过的会堂（巴西利卡）。（对页）

文艺复兴时期的环境设计

从前只关心内在世界的人们现在已开始关注外部的物质世界，以寻求现实的利益。佩脱拉克被认为是西方试图登山观景的第一人。这是一种从象征主义向现实主义的转折。为了享有这种新的喜悦，住宅开始向外部空间延伸。在设计表达上更注重内外空间的联系，以利于观赏郊外的风光，而不再仅仅是古典壁画中的场景。这已变成了设计内容中的一个不可缺少的部分。其基本目的是去创造那些能满足人们对于秩序、静谧与启迪的渴望以及对人的尊严和地位的认同。一般来讲，这类设计的选址是在能眺望老城的近郊的山坡和小山包上。佛罗伦萨的别墅在精神上与近郊乡村环境相联系，仍保持着邻里、住家的设计特色。而罗马的别墅则几乎都充满人文主义与英雄史诗的味道，怀古和复兴古风的倾向十分明显。

在罗马的古典废墟上，无论是宗教建筑还是民房都重新得到了普遍的关注。对于数学比例的内在含义是人们研究的中心课题之一。希腊人建立的数学和音乐与人体比例的关系被认为是对于外在世界的内在规律的揭示。维特鲁威（Vitruvius，公元1世纪）阐述了人体与几何形之间的关系，而阿尔伯蒂（Alberti，1404—1472）则将之运用到了建筑设计之中。帕拉蒂奥（Palladio，1518—1580）进一步贯彻了柏拉图的几何理论，将人体比例不仅用于三度空间的单体，而且用于较为复杂的群体，以构成建筑艺术以音乐般的和声。而这种比例是绝对、静穆和完整的。它也是文艺复兴时期人们追求完美的

4-75 梅迪奇别墅，意大利佛罗伦萨，始建于公元 1485 年。佛罗伦萨王国洛伦佐时期，意大利文艺复兴初期露台式别墅园典范。

终极。后来崛起的手法主义者逐渐突破了这一戒律，他们更关注教堂的内部空间，探求新的空间概念，因而滋养了意大利文艺复兴后期的巴洛克（Baroque）艺术风格。

花园是为了体现人的尊严而构筑的，因此，形式是个关键问题。住宅的内部空间设计，不是以数学计算的方法，而是凭直觉与外部空间联系在一起的：或提高、或降低设计物的地坪。由于气候和视线的缘故，建筑地盘往往被选在山边或是丘陵旁，并用台度使建筑与地基相互结合。园林的组成基本上是常青植物、水和山石，这些都是永恒的材料，同时也包括盆栽、修整过的植物围墙、黑松和冬青树丛、雕塑、台阶、凉棚和亭子。水有静水和喷泉。其间，花草也起着一定的作用。建筑的细部和装饰也是微妙的，特别是在塔斯卡尼地区（Tascany），花园拥有者的个性与建筑师的创造性以及

4-77 意大利园林中的"鱼形小溪"，据说是从自然中鱼的形态演化而来的。

4-76 埃斯特庄园，意大利蒂沃利，始建于公元1549—1572 年，教皇保罗三世时期，意大利最著名的文艺复兴盛期露台式别墅园。

地方特色之间的结合创造了无数组合的可能。在维罗拉（Vignola，1507—1573）的兰特（Lante）别墅中，景观设计上升到了一种崇高的地位，使建筑遵从于古代天文学的观念布局。这一风景概念意味着一个时代的结束。与此同时，帕拉蒂奥（Palladio）发展了完全以自我为中心的圆厅别墅，淘汰了正统的花园，为几何形和自然形之间的和谐结合铺平了道路。这一作风为18世纪的欧洲大陆与英国景园设计奠定了不可动摇的艺术与技术基础。

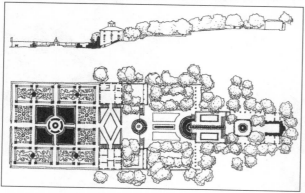

4-78　意大利维琴察，阿尔马里科－卡普拉别墅。（上图）

4-79　兰特别墅的平面。（中图）

4-80　意大利维琴察及威尼托的帕拉蒂奥式的建筑，该建筑形态因意大利文艺复兴时期的著名建筑师帕拉蒂奥而得名。（下图）

4-81 威尼斯的圣马可广场，曾被拿破仑称为"世界上最美丽的广场"。（左上图）
4-83 佛罗伦萨，乌菲齐（Uffizi）美术馆。（左下图）

4-82 威尼斯公爵府（The Doge Palace）当地的总督府兼市政厅。始建于9世纪，下面两层白色云石尖券敞廊建于1309—1424年，顶层建于16世纪，用白色与玫瑰色云石砌成。其立面处理富有韵律感。（右上图）

4-84 罗马的圣彼得主教堂（S. Peter 1506—1626），世界上最大的基督教教堂。许多著名建筑师与艺术家曾参与设计与施工，历时120年，平面拉丁十字形。米开朗基罗设计的穹顶是这个建筑最富有魅力的部分。内径41.9米，从上面采光塔顶上十字架顶端到地面为137.7米，是罗马城的最高点。（右下图）

第六节 手法主义与巴洛克

文艺复兴之后的社会背景

文艺复兴带来的新艺术观念的冲击是强大的，它对意大利艺术的各个方面都产生了巨大的影响。人们对于景观的认识不局限于周围的环境，而是将人类和宇宙视为一个整体。通向东方的水路于 1486 年被迪亚士发现，通往美洲的航道又于 1492 年由哥伦布开通。但是，这一切对意大利的影响并不直接，起决定性作用的还是现实的感受。早在 16 世纪，哥白尼（Cupernicus）便公布了一系列事实以证明世界不是一个静态的空间，进而提出了自己的太阳中心说的理论。伽利略（Galileo）通过观察和实验支持了这一理论。1609 年开普勒（Kepler）证明了地球以一个椭圆形的轨道围绕太阳运动，打破了天体作圆周运动之说。牛顿（Isaac Newton, 1642—1727）于同一世纪揭示了万有引力的存在，进而证明了上述假说。人类由此而走向了纯粹推理的理智王国。

1527 年，罗马的教会势力被大大削弱。意大利在政治上开始处于从属地位，起先是受制于西班牙，尔后是法国。意大利因此几乎失去了在政治历史上的连续性，只剩下热那亚（Genoa）和威尼斯（Venice）两地还保留着相对的政体独立性。直到 19 世纪初叶，意大利才作为一个完整的政治实体恢复了自己在欧洲的地位。罗马教会也经历了长期的挣扎，于 1583 年前后取得了对于新教的相对地位。此后，天主教巩固了自己在欧洲的地位，并扩展至远东。17 世纪，随着威尼斯的衰落，教会势力得到了空前的发展。民间生活一如既往，并未受到来自政局变迁的干扰。在 16 世纪下半叶，这个神学上的动荡时期，别墅和花园的建设却最为繁荣，而起支配作用的建设者都是教会职员。

天文学的发现和对宗教信条的质疑，对于现存的信仰和秩序是一场严峻的挑战。思想家们发现自己已超越了当时宗教思想的限制，而广大普通民众仍然保持着强烈的宗教信仰。也正是因为这种激情，反宗教改革派决定通过艺术以及教育来把握自己的命运。带头反攻的

4-85 罗马翠薇喷泉（Trevi Fountain1732—1762）由建筑师 N·塞尔维（N.Salvi），和 G·潘尼尼（G.Panini），雕塑家菲利波·德拉·维尔（Filippo dello Valle）和 P·伯莱西（P.Bracci）等设计，显然受到了伯尼尼的影响。（对页）

4-86 罗马波波罗广场（Popolo）的平面图。

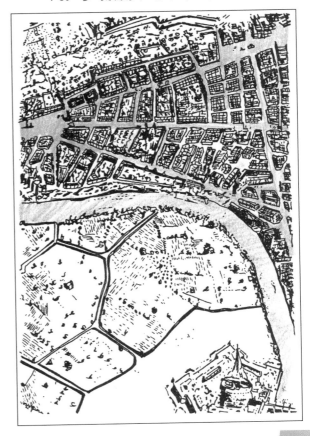

是耶稣会教士，他们对于人们内在思想矛盾的理解是敏锐而细致的。他们认为：人类对自身终极目标的形成可以产生影响，这种思想是对中世纪神学思想的突破。他们接受了人与自然之间关系变迁的事实，并认为世界是动态的，而教堂空间则必须能服务于人的这种激情和下意识，不必那么理性。伴随着宗教的复杂变迁，人们的思想和空间概念有了很大的变化，而这一变化又回过头来深刻地影响了艺术的各个领域，特别是风景设计和城市规划领域。

巴洛克时代的环境设计

16 世纪下半叶，哲学观念的变化是剧烈的——从古典主义的有限性到巴洛克的无限性。有限性的表达是实在的，而无限性的表达只能是想象的。是人的思维而不是眼睛创造了艺术的空间。巴洛克作风正是取决于这种想象的空间和运动的创造而形成的。它在技术上是基于错觉和新出现的剧院设计艺术，在教堂的内部空间和体量的设计上也有了新的突破，特别是大型的用绘画装点起来的天花大大地加强了室内空间的动态感。建筑的细部有想象力和富有动感。室外设计和一些重要的风景设计都体现了人是天地山石这一整体中的一个部分，强调着物与物的相对关系和无限联系。所有的人与物共同启发着设计思想。受石头的启示，人们设计了形态抽象的翠薇喷泉（Trevi Foutain 许愿泉，1735 年），这可能是当时最高的象征性成就；受水和贝壳的启示，人们设计了无数交替变换的艺术形象；受海水运动的启示，人们设计了威尼斯的圣玛丽亚大教堂（Salute Church）；人类利用水的反射镜面，将上天和大地结合在一起。从此，反映整体环境和景观之间无限联系的设计手法得到了发展。

米开朗基罗（Michelangelo）于 1544 年开始设计罗马的卡比多广场（Capitol），开拓了巴洛克城市空间感觉的先河。1551 年之后，在热那亚的挪瓦·史特拉德（Nuova Strada 现在的加里波底大道 Via Garibaldi）用特定视点来设计狭窄的城市街道，布置宫廷的前院、花园小丘以控制城市景观，创造出极富想象力的空间。巴洛克艺术在伯尼尼（Bernini，1598—1680 年）和朗

4-87、88 罗马翠薇喷泉及雕塑细部（1735 年）。（对页）

4-89 罗马松果喷泉。

4-90 罗马卡比多广场（The Capitol 即罗马市政广场 1546—1644），罗马教皇对罗马城内的卡比多山上残迹进行改建后的成果。广场呈梯形，进深 79 米，梯形广场在视觉上有突出中心，两端分别为 60 米与 40 米，入口有大阶梯自下而上。梯形广场在视感上有突出中心，把中心建筑物推向前之感，是文艺复兴时期始用的手法。广场的主体建筑是元老院，中央有高耸的塔楼，南边是档案馆，北边是博物馆。后两座建筑立面在巨柱式之间再有小柱式的分层次，处理手法对后来影响很大。广场正中有罗马皇帝铜像，地面铺砌有彩色大理石图案，周围有雕像，装饰华丽。建筑师是米开朗基罗。

4-91 罗马波菲斯（Borghese）别墅前海马喷泉。（左上图）

4-92 "甘布瑞尔"别墅，佛罗伦萨，始建于公元1610年。托斯卡那大公梅迪契家族统治时期，意大利文艺复兴时期巴洛克风格露台式别墅园。（右上图）

4-93 威尼斯大运河。

4-94　西班牙大阶梯（Scala di Spagna, 1721—1725），阶梯平面花瓶形，布局时分时合，巧妙地把两个不同标高、轴线不一的广场统一起来，表现出巴洛克灵活自由的设计手法。建筑师斯帕奇（Alessardro Specchi, 1668—1729）。

4-95 从威尼斯大运河上看大教堂。

4-96 波波罗广场（Piazza del Popolo，17 世纪，罗马）位于罗马城北门内，为了要造成由此可以通向全罗马的幻觉，把广场设计成为三条放射形大道的出发点。广场长圆形，有明确主次轴。中央有方尖石碑，位于放射形大道之间建有一对形式近似的教堂。建筑师法拉弟亚（Giuseppe Valadier，1762—1839）。

菲纳（Lonhena，1598—1682）时期达到了登峰造极的地步。固定视点的设计手法仍然保留，但是，设计师们的视线有着一种自由而微妙的幻想。观赏者、物象（建筑或雕塑）和周围环境浑然一体。伯尼尼参与建造了运用透视手法的罗马波波罗广场（Popolo），这一设计后来深刻地影响了法国的城市设计。但是，他的杰作显然是简洁的罗马圣彼得广场。可见，罗马人的空间设计多涉及城市景观而非风景景观。但是，从朗菲纳的圣玛丽亚大教堂的设计中可以看出，经历数世纪变化的威尼斯，通过水空间的创造，将城市空间与更为宏大的自然景观结合了起来。该教堂的内外空间按巴洛克自成体系。其穹窿与城市中的景观相互呼应，与罗马人的威尼斯和拜占廷的威尼斯之间达到了完美的协调。

手法主义者们为了挣脱古典主义的桎梏，在风格上挣扎，将一些有罗曼蒂克意味的人造物，诸如岩石、洞穴、巨型雕塑和秘密的喷泉在文艺复兴的

几何模式下融合到一起。这个时期的代表性作品是在塞堤拿挪（Settignano）的甘布瑞尔别墅（Villa Gamberaia，约建于 1610 年），它的每一个部分都是经过较深入考虑的。随着巴洛克思潮的发展，花园设计变得戏剧化，它是为层层展开的人间戏剧而设计的。其间，人均是演员而并非哲学家。较少城市影响的郊外空间给设计师提供了相对的设计自由，有利于他们别出心裁。结合地形特征，遇水设泉，有坡筑台，甚至利用地形规定特别的轴线，创作大型的瀑布，制造巨型的人为景观，体现了强烈的整体构图意识，但细部则往往做得粗糙。这种抒情的用地方式为后来的城市设计开拓了思路。在威尼斯的唐娜·德拉·罗斯别墅（**Villa Dona Dalle Rose**）本身就是一个为普通人而不是为皇室所设计的小城镇的初步设计模型，其开放与封闭空间有机结合，轴线由山丘的形体而非建筑物的位置所决定。

4-97 威尼斯的唐娜·德拉·罗斯别墅（Villa Dona Dalle Rose）。

4-98 罗马诺沃纳广场（Piazza Navana）的"四河喷泉"。伯尼尼作品。其基础是四个河神的雕像，典型巴洛克手法。（左下图）

4-99 从自然形态演化而来的鱼形小溪。

4-100　朗特花园。（左上图）
4-101　海洋泉。（左中图）
4-102　意大利私密性的休闲花园。（左下图）

4-103　郎特别墅花园，1568—1598 年。（右上图）
4-104　阿尔多布兰迪尼别墅花园。（右下图）

4-105　意大利加尔佐尼别墅花园的台
阶。（左上图）

4-106　意大利佛罗伦萨梅迪奇别墅花
园的巨人石雕。（右上图）

4-107　佛罗伦萨"甘布瑞尔"别墅。

4-108　佛罗伦萨长波尼花园多功能
园子，1572年。（右下图）

4-109　罗马，阿尔多布兰迪尼别墅花园。（左上图）
4-110　梅迪奇别墅平面。（左下图）

4-111　波拉米亚宫花园的台阶。（右上图）
4-112　与地形结合的干布拉别墅。（右中图）
4-113　海豚喷泉。（右下图）

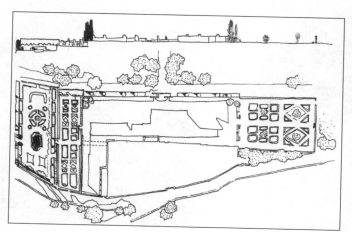

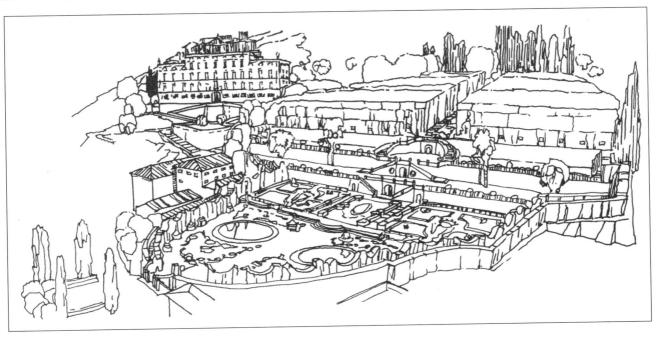

4-114 加尔佐尼别墅的透视图。（上图）

4-115 圣林花园，背负胜利女神的大龟，1552—1584 年。（左下图）

4-116 加尔佐尼别墅花园平面。（右下图）

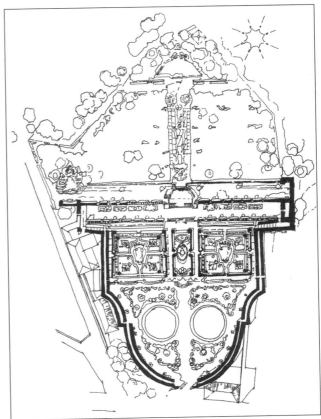

4-117　巴黎凡尔赛宫，始建于公元 1644—1665 年，续建于 1688 年，法兰西王国波旁王朝，路易十四时期勒·诺特尔等设计，路易十四建造。法国文艺复兴时期勒·诺特尔式宫苑杰作，世界最大的宫苑。以中轴线为核心的总体布局概念突出。中轴线作为整个构图的骨架。建筑风格属古典主义。立面为纵、横三段处理。宫前大花园于 1667 年设计建造，面积 6.7 平方公里，纵轴长 3 公里。园内道路、树木、水池、亭台、花圃、喷泉等均呈几何形，有统一的主轴、次轴、对景等等，并点缀有各色雕像，是法国古典园林杰出代表。三条放射形大道事实上只有一条是通巴黎的，但在观感上使凡尔赛宫如同整个巴黎甚至整个法国的集中点。总而言之，凡尔赛宫反映了当时国王欲以此来象征法国的中央集权与绝对君权的意图。而它的宏大气派在一段时期中很为欧洲王公所羡慕并争相模仿。

第七节　16 和 17 世纪法国

背景资料

巴黎盆地包括了塞纳河（Seine）和罗亚河（Loire），在地貌上形成了一个整体。法国人的生活方式及其历史使巴黎成为了法国的中心，法国所有的古典景观设计都集中在这一带，而罗亚河连同在奥尔良（Orleans）的首府都是对塞纳河的罗曼蒂克式的补充。巴黎盆地的景观平缓而略有起伏，农田、教堂、小镇和运河结合在一起形成了基本景观面貌。在巴黎附近，生长着一片片灌木林，其间有狩猎的笔直道路穿过。当地气候属大西洋—欧洲气候，年降雨量为 24 英寸，夏日的温度足以满足葡萄生长的需要。巴黎本身人口稠密，是欧洲大陆上的一个有活力的中心城市，它于 16 世纪下半叶由于皇室住地从法兰西岛（Ile De France）迁入而进行了改建。罗浮宫（Louvre，原来的王宫，建于 1400 年）和图勒里（Tuileries）修道院的落成，展现了一种永恒的建筑艺术魅力。17 世纪法国所有造园、理水的杰出设计都源出于杜朗（Touraine）。

1453 年，英国人实际上被逐出了法国领土，法国成为了一个统一的国家。查理八世（Charls VIII）于 1495 年开始入侵意大利。与此同时，体验到了文艺复兴的初期浪潮。法兰西斯一世（Francis I，1515—1547）与西班牙平分了势力范围，成了统治"Aubon Plaisir"的第一个法国国王。受意大利文艺复兴高雅艺术思潮的影响，法兰西斯邀请了杰出的意大利艺术家和工匠到他的朝廷来工作。其中，有维诺拉（Vignola）和达芬奇（Leonardo Da Vinci）。经过一段动荡时期之后，卡迪纳·瑞契里尔（Cardinal Richelien，1585—1642）在路易十三（Louis XIII，1610—1643）执政时上台掌权。从 1624—1642 年间控制着法国，克服了由于改革所引起的内部不安定，建立并巩固了法国的君王专制体系。在这个基础上，

路易十四（Louis XIV，1661—1715）又统治了法国 50 年。他的统治是精明而又有效的，而且，扩大了法国的外部影响，使法国成为了欧洲的支配力量。在国内，他鼓励发展艺术与科学，他在凡尔赛的宫廷中创造了无与伦比的游乐园文明。建造宫殿的巨额费用来自税收，但是，贵族和教会可以豁免，这种不公平导致了 1789 年的法国大革命。

对于王公贵族来讲，文明只意味着令人愉悦的实用主义。在这一点上，法国不同于意大利。在意大利，人们热切地认为：艺术应该表达、探索未知世界中某些高于现实的东西。在当时的法国，文明的中心就是太阳王（Sun King），艺术的原则就是表达生活的愉悦。因为，当时的民众仍是驯服的天主教徒，人们接受并支持这样的集权君主。罗马教会与法国政府保持着良好的关系，容忍了法国的国策。哲学家马基雅维利（Machiavelli）认为：君主是绝对的权威，他的任何实现手段都是正当合理的。这一观点被里塞留（Richelieu）专门研究并应用于实践。一些倍受推崇的通俗艺术作家如莫里哀（Moliere，1622—1673）也与之附和。在这一集权政体控制之下，强森派教义（Jansenism），葛内利斯·强森（Cornelius Jansen，1585—1638）表达了对道德价值的关注。自然哲学家兼数学家布来斯帕斯卡（Blaise Pascal，1623—1662）通过研究锥形的光学投影推动了几何图形的变革，并因此促进了勒·诺特尔（Le Notre）的立体几何研究。这时，居住在更为民主的荷兰的笛卡儿（Descartes，1596—1650）已成为法国伟大的哲学家。

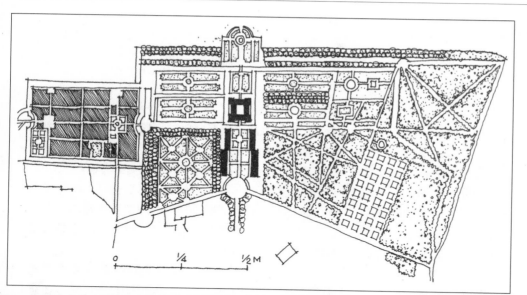

4-118 黎塞留城堡装饰性水道、几何式花草与古典建筑结合的平面图。

0   ¼   ½ M

4-119 维康府邸,始建于公元1652—1671年,法兰西王国波旁王朝路易十四时期,勒·诺特尔设计。法国文艺复兴时期勒·诺特尔规则式宫苑。

专制的荣耀——法国古典主义宫苑

16 世纪的法国处于从中世纪精神转向古典主义的时期，从当时皇家在图赖讷（Touraine）的城堡景观来看，皇家园林景观实质上是土生土长的哥特式建筑和逐渐成熟的古典主义风格的混合，而意大利新的影响惟一的标志只是花园的延伸，以及四周环绕的格构和亭状物。

1600 年，亨利四世同意大利的马里耶·德梅迪斯（Maril de Medisis）联姻，给法国文化带来了意大利的影响。另一方面，黎塞留，这个曾经统一法国并奠定君主政体基础的法国首相却宣告了一种完整规划和空间设计的"纯法国"观念。黎塞留在图赖讷（Touraine）的城堡是一个从树林中开辟出来的完整的景观，它还带有人工开凿的装饰性的运河和一个辅助的城镇。这个 1627—1637 年由勒·梅西耶（Le Mercier）设计的城堡体现的观念，为后来法国古典主义园林的成熟开辟了道路。

这个时期的教堂建筑不多，精力大多集中到王公贵族的产业建设上。在 16 世纪，人们曾在罗亚河谷建造了绵延上百英里的罗曼蒂克式的水上景观园林。此后，古典主义风格取得了控制性的设计地位。郊外的景观设计因此而变得有序而匀称。红衣主教黎塞留设计了或许是第一个用他的名字命名的包含有一个小镇的整体环境，并有选择性地吸收了来自意大利的经验。然而，直到孚·勒·维贡府邸（Vaur-Le-Vicome，1661 年）和勒·诺特尔（Le Notre，1613—1700）出现之前，在空间设计上有所成就的独创性是不甚明显的。

孚·勒·维贡府邸（Vaur-Le-Vicome）是法国古典园林集大成者勒·诺特尔（Le Notre）的第一个主要作品。它是 1661 年为路易十四的财政大臣富凯（Fouquet）修建的。原有的建筑和景观是"黎塞留"式的。它简单的空间经勒·诺特尔之手被改造成有很高艺术造诣的作品。原先微微起伏的树林和平地被勒·诺特尔雕琢成现在这样一眼望去就显得极为宏伟的"大地建筑"。除了娴熟的比例和由消失在

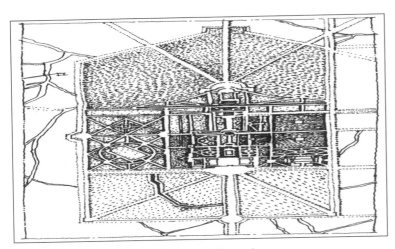

4-120　孚·勒·维贡府邸（Vaur-Le-Vicome）花园的建筑平面是法国早期古典主义的代表作（1661 年）。

4-121　"维朗得利"，法国安德尔-卢瓦尔省，始建于公元 15 世纪，法兰西王国卡培王朝时期，法国文艺复兴时期意大利露台式造园。

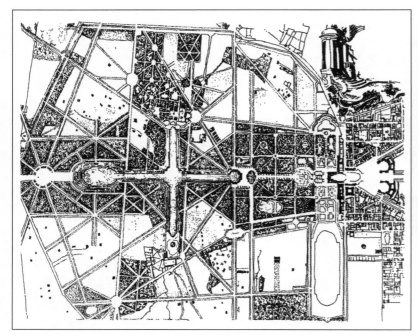

4-122　凡尔赛宫平面。（左图）
4-123　凡尔赛花园柱廊。（右图）

林中的交叉轴线形成的分隔，以及丰富的地毯状纹样外，勒·诺特尔在这座园林中发展了几条原则：

第一，用明确的几何关系确定雕像、花坛的位置，构图完整统一。

第二，中轴线成为艺术中心，雕刻、水池、喷泉、花坛等都沿中轴线展开，依次呈现。其余部分都用来烘托轴线。

第三，水渠成横轴线，水池成为重要的造园因素。

正是孚·勒·维贡花园激发了路易十四营建凡尔赛宫的极大热情。路易十四决定委托当初设计维贡花园的勒·诺特尔和建筑师勒伏等人负责营建凡尔赛宫。当然，路易十四营建凡尔赛宫想法是出自多种因素，而最直接的动因是修建凡尔赛宫可以作为权力和他的意志的体现。他所选择的凡尔赛宫原址是一片荒凉的不毛之地，仅有路易十三的一座猎宫。这处建筑并没有被拆除，而是用其他新的建筑部分将其覆盖和包围起来。1669 年，又进行了第二次扩建，采用了勒伏的从三面包围旧府邸的方案。这次改建于 1676 年完成，它以总长 25 个开间的西立面正对着花园，中央 11 间在二楼是个大阳台，作为观赏花园景色的地方（后被改建为"镜厅"）。但是这个宫殿仍与花园不相称，于是 1678—1688 年又增建了长长的南北二翼。这样，宫殿的规模才同花园协调起来。

遍及宫殿的豪华，很大程度上超过了与此相应的建筑的尺寸和意义，但它并没有达到其他巴洛克宫殿那种和谐程度。然而它给人的一种总的印象是广阔、昂贵和装饰性舞台道具的感觉。这种舞台般的效果直接来源于那些突兀耸立的壁柱，和一连串内部空间立面形成的堆砌方式，它就像一个层层叠起的"大洋葱"，路易十三的猎宫是它的核心。勒伏和孟莎增建的建筑又将它层层围起。那些面向花园的两翼远远超出了人所能承受的步行距离和体量。"它们以军队般秩序向前展开，轴线规则得像按统一的鼓点在行进"。柱子被列成四根或六根一组，从坚实、粗琢的底层地面突兀地耸起，穿过雄伟的第二层和夹层（mezzamine）到达冠以雕刻的顶层。过分的凝重显得有点粗暴，这同巴洛克宫殿的许多特点——流动的线条，弯曲的前立面，动态的整体构图，欢快而高耸的繁茂饰物形成鲜明的对比。

宫殿的精华在其室内,主要由建筑师孟莎设计。他在室内的不少设计上具有划时代的意义。镜厅的室内设计具有很强的纪念性和礼仪性质。整个大厅中的壁画同将房间引向无限远方的落地玻璃窗和反映庭院风光的镜面空间一样,都是造成这个大厅戏剧效果的重要因素。作为整个凡尔赛中心的是国王的卧室,它朝东向着前院。在这里,随着朝霞透入宫中,国王起身,接受早觐,这象征着统治欧洲及至世界的"太阳"升起了。以"太阳神"自居的君主把他的"阳光"照进了这个庞大建筑的每一个角落。

凡尔赛宫的皇家教堂被形容成宫殿中最华丽的室内。教堂营建于1688年。随着路易十四的年迈,对宗教的兴趣日甚。由于战争使工程一度中断,直到1703年才竣工。教堂坐落在西向前院的北翼,有密道与国王寝室相通。在这所法国哥特式风格的教堂中还混合了一些古罗马的风格:罗马式立柱低连拱廊之上的窗户紧密地排列在高拱顶之下,与上面坐落在筒拱中的窗一起,产生了美妙的明暗效果。就像法国最优秀的哥特式建筑一样,光线真正成为结构的内在部分。但是凡尔赛的"奇迹"并不是它的内部建筑,也不是它的室内装饰,而是它那由勒·诺特尔设计的,如梦境一般的花园。作为凡尔赛宫的创造者之一,勒·诺特尔的名字总是在其他建筑师之前。

勒·诺特尔受命设计规划凡尔赛宫,除了他艺术上的成就之外,还因为他像勒伏和勒·布兰一样,在他的行业中有很大的号召力。他被誉为"国王的园丁,园丁的国王"。设计凡尔赛宫,诺特尔的任务是艰巨的:一是面对巨大尺度的地域,二是他所企求的艺术目标。一块约3.5公里×2.5公里的土地,其主轴线长约7公里,将被安排进一个带有宫殿的花园,形成一个具有统一建筑体系的美学整体。

勒·诺特尔成功地找到了解决的方法。花园的形状和比例不仅忠实地衬托了石头宫殿的巨大体量,而且自身也充分体现了一个独立的建筑作品的特

4-124　凡尔赛宫的"镜厅"。

点。有人说："如果没有诺特尔的花园，凡尔赛将是一个怪物"。随着勒·诺特尔的花园设计在建筑中成为一种分类原则，园艺设计师也成为园林建筑师。尽管正宗的、在巴洛克时代被称为"法国风格"的几何形花园在十八、十九世纪被英国的浪漫风格为其表面的自由和自然的构架所取代，但勒·诺特尔1661年在凡尔赛创造的杰作，却成为欧洲每个园林的楷模。

诺特尔的目标是："以艺术的手段使自然羞愧"（Put nature to shame by means of art）。大量的土方被搬运；不惜工本开凿运河从远处引水；掘出巨大的盆地；上万棵树木，无数的树篱和灌木被从别处迁来。据估计，在营建过程中，雇佣工人最多时达3万人，前后动用10万多工人。在开掘运河的工程中，几千名工人死于瘟疫和恶劣的气候。使整个凡尔赛工程圆满完成似乎是足够正当的理由，而牺牲却被忘却。当代美国社会学家刘易斯·芒福德（Lewis Mumford）曾这样评论路易十四建造凡尔赛："我们现在必须看作粗鲁的乡巴佬的是路易十四和勒·诺特尔。凡尔赛基本上是一个惯坏了的孩子的大玩具，正如当时王

4-125 凡尔赛宫花园内的阿波罗喷泉。

4-126 凡尔赛宫花园中的阿波罗喷泉水池中的群雕。

朝的政治一样，它像一出儿童的闹剧。"

　　对于这个宏大的乡村住宅，他的要点简单明了：将这一景观园林组织进一大片自然风景之中，以体现拥有者的高贵与尊严，以满足其感官愉悦的需求。因此，所有的景观格调必须符合这一整体要求，而最为美妙的时刻应当是游艺活动的开始，船儿游荡在运河上，礼花四放而宾客满园。

　　由黎塞留表现出的这种景观意识在凡尔赛园林、宫殿和城镇上得到了全面的推行。凡尔赛逐渐成为了一个统一的国家权力的象征。16 世纪法国建筑的成长发展，源于法国哥特式的传统并吸收了意大利的手法。由护城河围抱的城堡（Chateau）为香侬瑟（Chenonceau，1515 年）的设计提供了很有想象力的理水关系。这一成果启示了后来的由水流围起来的住宅和拥有独立运河系统的孚·勒·维贡府邸。大约在 1600 年古典作风开始取代了哥特式作风，但体现的是法国帝王的专制精神而不是

意大利的巴洛克艺术作风。因此，1665 年伯尼尼（Bernini）所提出的罗浮宫方案在巴黎被否定。虽说，伯尼尼的方案很合理地考虑到了整体环境，但是，意大利的巴洛克建筑在法国人眼里却显得过于动荡、个性化而且不够雅致。法国人强调的是空间的组织和整体性，建筑单体必须服从整体，这种布局的秩序就像军队的方阵一样，有主有次，军衔等级分明。而意大利人则偏于热烈、动荡而变化多样。巴黎规划的这种秩序的观念直到当代仍然影响着我们的城镇规划。这种思想创造了宏大的凡尔赛市政、宫廷和花园的规划。而这种设计思想又逐步被淡化，建筑师哈德恩·曼萨特（Hardouin Mansart）的作品与影响加速了这一淡化过程。而勒·诺特尔则强调了景观空间的整体性，对于法国的花园设计有着革命性的贡献。他的设计原则很明了，要点如下：

　　花园再也不是住宅的延伸，而是整体景观设计

4-127　凡尔赛宫，特里阿农宫区爱神亭。

的一部分；

实体相对于二度空间的几何关系沿轴线展开并兼顾地形起伏；

由有计划种植的林木和修剪植物来描绘花园的轮廓和不同的形状；

天空与整体的巴洛克意味由水面的倒影和向外延伸的林荫道的无限性来体现。运用于以林木树丛为主的景观之中；

以住宅为基础来逐步扩大尺度感，雕塑和喷泉既是独立的艺术品，又兼具调整空间节奏和点缀重点部位的功能；

用光学科学引导人的视线，而利用视觉错觉的手段来创造远近的感觉；

整个设计意图要求能做到一目了然，而令人吃惊的小变化和对比手法主要运用在以林木树丛为主的景观之中；

各部分的布局，特别是踏步和台阶的设置服从于加强运动和体现人的自我尊严，它们在尺度上是为了创造超然境界而有意夸张的。

所有的设计手法的运用都是一个目的：不惜一切手段充分体现帝国的尊严和太阳王的荣耀。从居高临下的台地上，可以看到为一个视点体系安排的整个园林悦目的景色——无论你是向后看宫殿，或眺望远方，还是察看前景迷人的细部，汹涌的喷泉，精致的花圃，或者是树篱屏蔽的剧场……你似乎可以体验作为帝王的豪迈了。

4-128　凡尔赛花园的龙池。（左图）
4-129　凡尔赛的海格立斯。（右上图）
4-130　凡尔赛的腊东（阿波罗之母）喷泉。（右下图）

4-131　巴黎圣克罗得大叠泉。

4-132　法国斯特拉斯堡"小法兰西"街区景色。（右上图）

4-133　法国安德尔-卢瓦尔省装饰性和实用性花园。（右下图）

第八节　欧陆学派：16 和 17 世纪
西班牙、德国、英格兰、荷兰

从专制走向民主——历史与文化背景

欧洲文化就像中国民间的"百纳衣"一样，是多样、丰富而整体的。它以法国为中心而展开，各国都有其本地、本民族的特点。不同气候、地形地貌与种族构成了这里的文化特征。如果没有这种多样性，意大利文艺复兴的设计手法与作风就会完全控制欧洲。被比利牛斯山隔开的法国的西部、葡萄牙和西班牙地区都受着地中海气候的影响。葡萄牙受其远东联系的影响，西班牙受穆斯林文化的影响，而法国东部和德国则是一些神经敏感的诸侯小国，这些森林国家没有明显的地理特征和国家结构。荷兰当时已形成了一个面临北海的平原国家，从而影响着邻国英格兰。并通过英格兰又对北美的欧洲殖民建筑风格产生了一定的影响（1693 年建立了威廉斯堡 WILLIAMSBURG）。英格兰当时也根据自己的需要，在自己丘陵起伏的土地上创建了几何式的景观设计体系。斯堪的纳维亚（Scandinavia）也是如此，甚至到了北纬 60 度的圣彼德斯堡（ST Petersburg，1703 年建）这样的寒冷地区也结合自己的气候和地理条件在景观设计方面开始有所作为。

1506 年西班牙的查里五世（Charles V）接管了荷兰，1520 年他继承了德意志神圣罗马帝国之后成为了欧洲最强大的统治者。绝对专制的王公们控制着较大的国家，王子与诸侯们则控制着较小的领地，而教皇的作用则只限于在此之间维系平衡关系。此后，西班牙在德国陷于困境，又与英格兰作战失利，于 1609 年承认荷兰为独立共和国，从而失去了荷兰。继后，列国相争，惟有法国势力上升，并成为欧洲第一强大势力。君主制第一次遇到严峻的挑战是来自于英格兰的民主传统（英格兰于 1530 年与教皇分裂），其原则是来自于大宪章（Magna Carta，1215 年）。在英国，贵族与新贵们要求自由地支配在自己领地上的生活。人们深受科学新发现的影响，特别是在印刷术发明之后，人们对本地区、本民族独立意识开始加强。到了 17 世纪，农民的生活有所改善，欧洲局势亦开始趋于相对平静。

当天主教与新教在神学理论上产生极大冲突时，教会的地位自然被削弱，而封建领主的独立地位得到加强。一些在理论思想上超越民族界限的人产生了对世界的新思考。代表人物有：哥白尼（1473 年生于波兰）、开普勒（1571 年生于德国）、伽利略（1564 年生于意大利）和牛顿（1642 年生于英格兰），这些都是一些人格力量强大的、富有个性的科学家和思想家，他们揭示了宇宙的规律，解释了世界，他们的贡献直到本世纪一直维持着绝对地位。笛卡儿（1596 年生于法国）、斯宾诺沙（1634 年生于西班牙）和莱布尼兹（1646 年生于德国）奠定了现代哲学的基础。哲学思想上的自由化主要受来自英格兰和荷兰的影响。早期建立在笛卡儿的"我思故我在"（I think, therefore I am.）基础上的经验主义，强调了推理是来自个人对于自身的而不是他人的存在和体验。这种立场向中世纪神学以及王权神圣性提出了质疑，预示了人人平等的民主思想，适合于中产阶级的口味并能保护他们的利益。约翰·洛克（John Locke，1632—1704）对此作了全面的总结，深刻地影响了英国与美国的思想界。

4-134　海伦豪林花园，德国汉诺威，始建于公元 1665—1666 年，神圣罗马帝国利奥波德一世时期 H·恰尔博尼埃父子设计，汉诺威王族建造。德国文艺复兴时期规则式宫苑。（对页）

环境设计

　　意大利的设计观念渗透到了欧洲的每一个角落。其影响直到 17 世纪末才被法国作风逐步取代。虽说后者有些表面化，犹如一种时新的潮流。但是，人们的确是在迫切地寻求新的人类尊严的表达方式。设计师和诠释者们无一例外地都经历过哲学思想的困扰，这种哲学思想上的困惑曾经产生了意大利的文艺复兴和巴洛克：他们并不关注天体的运动及其对于人们心灵的影响。这个时期的艺术是在意大利作风和本地作风之间寻求一种妥协，因此，艺术魅力多于在艺术质量上的追求，变化多于学究式的研究。这时，最实惠、适中的景观设计是在英格兰岛。那里的政治气候使人们偏爱一种在郊野乡村安家置园的生活方式。一些大的府邸是按流行式样设计的，而无数庄园主的宅邸都十分注意与当地环境的结合，手法上不落俗套。

4-135　德国海得堡大花园。

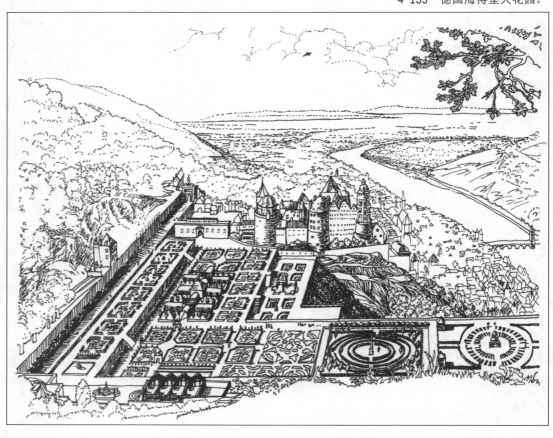

4-136　西班牙摩尔式的水池。（上图）

4-137　西班牙佛朗合拉府邸。（中图）

4-138　西班牙佛朗合拉府邸。（下图）

1500 年后，最具异国风格的建筑是葡萄牙的曼纽兰（Manueline）以及随后的西班牙和德国的地方风格建筑。

在英格兰，当伊尼果·琼丝（Inigo Jones，1573—1651）建造了白厅（Whitehall）宴会厅时，都铎王朝的建筑魅力为人们所追逐的意大利作风所取代。

在新的荷兰共和国出现了第一个广义的、民居式的而不是纪念性的城市景观：按运河流向的几何关系，设计多样的砖构民房以构成整个城市面貌；围墙内设花园，讲究花草种植，并注重内部空间与外部空间的交流。荷兰的富人宅邸多为低层，而城市景观则往往用教堂的钟楼来点缀。荷兰地域不大，但十分平坦，如此构图，不仅城市空间之间能相互呼应，而且视线良好；在田野的几何划分图案上，运河与码头又以点与线的关系连接并装点起来。

在这一作风的影响下，英国的建筑则介于民居和纪念性之间。克里斯多夫·雷恩（Christopher Wren，1632—1723）设计了以砖构为主的汉普顿庭院宫殿（Hamptom Court Palace），以石构为主的格林威治医院，一切按需求和地方特色行事。在过去的中世纪的城堡中，人们要想看外部的景观就必须爬上城楼或登山上花园的土山。在后来的花园中，有时靠的是台阶解决这一问题。随着花园规模的扩大，边界的模糊，这种做法逐渐消失。在这一新的时期，花园已从封闭走向了开敞。

到了 17 世纪末，法国风格的影响很大，但学步者却没有掌握为勒·诺特尔独家拥有的几何学。在英格兰，林荫道长长地展开，它穿过景区，有时与邻里住区相互交织。似乎因此而在一定程度上模糊了阶级之间的界限。英格兰地势多为绿色植被覆盖的缓坡，有众多树木。到了下一个世纪，英格兰已开始脱离来自外国的影响，而根据自己的特色来设计属于自己的景观。

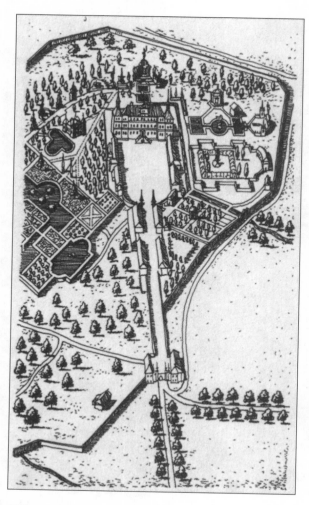

4-139　奥地利赫尔布朗平面图。

4-140 奥地利赫尔布朗的水景。

4-141 圣保罗大教堂的穹顶——古典作风已完全登陆英伦岛。（右上图）

4-142 英格兰，斯杜尔海德园。（Stourhead Garden）（右中图）

4-143 英国汉普顿宫。（右下图）

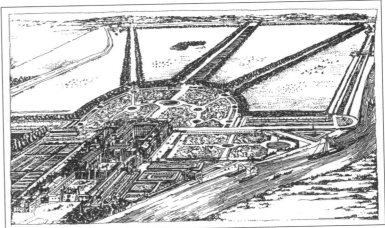

第五章　近代景观设计思想的变迁（18世纪以后）

第一节　历史背景

　　从16到18世纪期间，西方文明已开始从封建专制文化走向自由资本主义文化。在西方，凭借古典主义的哲学和法律，通过科学的探求、自由资本的发展和社会变革，西方文明相对于基于宗教与伦理的中部文明有了长足的进步。景观设计思想开始超越地方的、家庭的局限而向综合规划观念演进。

交流的时代

　　世界文明的各部分都加入了世界性的商业大交流。西班牙人和葡萄牙人已介入了美洲的南部和中部，大量的财富从那里流入了欧洲。北美几乎全部变成了英语区。在南非，好望角航线的发现开始了西方与东方的贸易关系，不言而喻，这也为西方列强向东方开拓殖民地提供了方便。虽说，在当时航海有一定风险，但无论如何比陆路要方便得多，满载的船只不仅传送着货物，也传递着文化信息与观念。凡尔赛的君王和北京的皇帝都急于了解对方，但是，在思想观念的交流上，几乎完全是由东方传入西方的，当然，在景观方面，东方的设计思想也有所反映，第一次出现了一个全球性的设计思想交流。除了设计的观念之外，植物品种也开始在世界范围内流通，并与当地植物杂交。这样一来，植被种类的扩大丰富了世界各地的景观。

到了18世纪，统一的中世纪宗教势力已近乎完全崩溃。取而代之的是控制大、小国度的君王政体。随着西班牙的衰落，法国的路易十四王朝崛起，进而控制了欧洲。德国仍处在30年大小公侯内战之后的恢复阶段。以教皇为首的天主教会支持法国，但影响力不大，只有主张新教的英国和荷兰能作为一种政治势力与法国平衡。法国自路易十四之后也开始衰落，随后而崛起的是英格兰。不列颠控制了印度和其他殖民地，从而建立了自己的世界霸权地位。北美于1783年取得了独立，并成为世界上极有活力的一股势力。在欧洲，瑞典和丹麦未能从新大陆的发现中获利，而俄国在彼得大帝的统帅下，紧随西方的发展，同时又不断向东方扩张，甚至将自己的边界压迫到了中国满清王朝的北部。到18世纪末，在弗雷德里克大帝（Flederick）统治下的普鲁士国（Prussia）作为一股主要的政治与军事力量出现了，波兰因此而从欧洲版图上消失。这一时期的欧洲是一个残忍的、争权夺利的年代。

在东方，封建专制制度相当稳固。而在欧洲，这种政体已很难为人们所接受。1789年爆发了法国大革命，荷兰实现了共和，在英国产生了议会。英国只能接受外来的、象征性的君主而不是本土的、享有神圣权力的国王。国家由议会统治，而议会则由那些拥有土地、拥有产业和特定生活方式的、有很强自我保护意识的绅士或庄园主所组成。在法国，贵族都围绕在凡尔赛附近。但是，在英国，城市市区只不过是绅士与贵族们歇脚的地方。1700年的欧洲，穷人较少造反，局势尚且平静。在整个18世纪，富人更富，而新贵们则通过殖民活动而发迹。

5-1 德国奥古斯都堡的庭园，奥古斯都堡是在一座中世纪皇城的基础上改造而成的，奥古斯都堡南部的庭园是典型的巴洛克式风格庭园，建于1726年，曾经被誉为世界上最美的庭园之一。

贵族们有足够的手段和闲暇去丰富自己的知识。他们广泛旅游，以古典风范来指导并完善自己在乡村生活，经营自己的产业。在 18 世纪末的英国，农村出现了一系列的景观公园。那些乡村宅第则变成了一个个人的、货真价实的艺术博物馆。

由于对墨西哥和秘鲁的征服，大量的财富涌入了西班牙和欧洲。在法国，税收制度支持着王公贵族和教士们发家致富；在英格兰，税收原则上来自佃农和地主之间的经济活动。带形耕作是传统的农业耕作方式，而这是一种不经济的用地方式。圈地法通过后，土地成块地被划分，形成了今天的农田格局。农产量逐年增加，然而，贫富之间差别很大。到了 18 世纪末，工业的发展吸收了大量的农业人口。英国的经济开始从农业转向工业，运河体系展示了城市的未来发展，支持自然经济的农村自然环境不可避免地被不断侵蚀。

走向理性的时代

18 世纪是个理性大发展的时代。1700 年教会失去了受教育的上层阶级的支持。在他们看来，是

5-2、3　贝尔维台尔庄园。

5-4　德国维尔茨堡宫的宫殿内部。维尔茨堡宫位于德国中部的维尔茨堡，始建于1719 年，是德国现存的巴洛克式风格的宫殿之一。

自己民族而不是圣经里的上帝令人崇敬。经验主义者约翰·洛克（John Lock，1632—1704）、佐治·贝克里（George Berkeley，1685—1753）和大卫·休姆（David Hume，1711—1776）为近代科学奠定了哲学基础，最终将哲学与宗教划清了界限，这对于景观设计来说有着特别意义，它填补了所有思想家的精神空虚并给予他们以无限的灵感。哲学家莱布尼兹（Leibnitz）和伏尔泰（Voltaire，1694—1778）开始探求有关中国的学识。孔子（公元前551—479）的著作被翻译成西文，向西方生活提供了伦理学而不是神学的指引。与此相关的是有关中国人对于环境的态度和有关中国景园设计的故事。这些故事有些是被夸张和理想化了的，但是它们传遍了欧洲。与此同时，卢梭（Roussu，1712—1778）的回归自然的哲学也产生了相当的影响，他提倡重返自然，回到"高尚的原始人"的理想状态。

　　这个时期，有三种思想流派指导了欧洲的景观设计：①西方古典主义（Western Classicism）。这是一种发源于意大利巴洛克风格，或者说是通过法国为大多数欧陆国家所仿效和赶超的风格。②中国风。从法国的非常肤浅的东方猎奇到英国的盎格鲁－中国风（Anglo—Chinese）。③英国学派。在景观设计上作为反抗古典主义风格（但建筑上仍跟随古典风格）、偏爱自由思想的表达。这个学派的美学根源可追溯到意大利的古典风景画，但起源是本土的，在麦尔顿（Milton，1608—1674）的著作中已预示了这一思潮。该学派与18 世纪中叶已开始的所谓"仿华式"（Chinoiserie）作风结合，影响了整个欧洲大陆。

5-5 意大利那不勒斯皇家花园大瀑布。（左上图）

5-6 法国加尔省加尔花园。（右上图）

5-7 申布伦宫花园。申布伦宫位于奥地利首都维也纳西南郊，原为修道院，16 世纪后改造成为宫殿。18 世纪作为女皇城堡后不断得到装修、改造，花园也经过了扩建。（下图）

第二节　欧陆学派

　　意大利在绘画和风景设计上仍然保持着巴洛克式的活力。代表人物有：威尼斯画家 G·B·提耶波罗（G.B.Tiepolo，1696—1770），G·A·卡那雷托（G.A.Canaletto，1697—1768），G·F·瓜尔迪（G.F.Guardi，1712—1793）以及罗马的建筑师 N.塞尔维（N.Salvi，1699—1751），F·圣卡提斯（F.de Sanctis，1693—1740）。意大利的对外影响一直扩展。

　　奥地利从客观上和感情上都非常亲近意大利而不是法兰西。1683 年奥地利将土耳其人赶出维也纳的胜利致使在短期内巴洛克建筑、宗教建筑和宫廷苑囿之类土木大兴。坐落在维也纳的贝尔维台尔庄园（Belvedere）简直是一幅布满了花园的巴洛克式的图画，与基于中世纪原址梅尔克（Melk）修道院的浪漫巴洛克作风形成对比。

　　在欧洲的其他地方，除了荷兰和葡萄牙（里斯本于 1775 年得以重新规划）之外，威廉姆斯霍尔（Wilhelmshohe）便是一个受意大利、法国和英国多重影响的产物，它在景园上多受法国的影响，在建筑上多受意大利的影响。

　　在英国，浪漫主义的景观设计作风逐步取代了来自欧洲大陆的古典主义风格，而建筑上却沿用了帕拉蒂奥手法。混合式的巴洛克建筑手法、喷泉和其他西方造园技巧也于乾隆年间由教士们传入了中国。

　　法国的景观设计在这个时期集中在凡尔赛宫和巴黎的图勒瑞斯（Tuileries）的扩建上。景观设计进而深入到了城市设计之中。在尼姆省（Nimes），一位城堡工程师将景观这一要素穿插于城镇规划之中（1740 年），使之相互协调结合成一个整体，在南希省的斯坦尼斯特斯宫广场（the Place Stanislas，1760 年）上编织了交错的酸橙树是城镇设计中建筑结构完美而永恒的一部分。法国的城市空间与景园空间组织观念几乎控制了一个时代，并为独裁式的城市规划手法奠定了基础，创造了像华盛顿这一类大都市。对于大君主的模仿导致了德国一些小王公们对自己产业的大型改造设计，而这些景

5-8　巴黎阿图瓦伯爵的游乐园。

5-9　法国尼姆省的城镇规划。

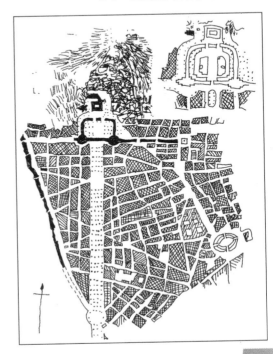

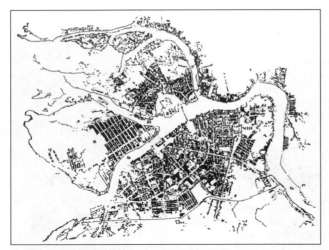

5-10 俄国的圣彼得堡的城市规划平面，1846年。

5-11 德国巴登-符腾堡阿波罗神庙
（建于1764—1776）。

5-12 德国慕尼黑，巴伐利亚选帝侯住宅的接待厅。

观设计的成果日后都变成了德国现代城镇建设的基础。

在欧洲，继西班牙的衰落，法国也逐步失去了第一强国的地位。但是，对于在1703年创建圣彼得堡的俄国沙皇，其景观建筑却更具有独立性和全球性，它既受到意大利巴洛克和当时法国的双重影响，又保留了自己独特的东方情调。

总之，在整个18世纪，法国和意大利的几何式规则和景园设计的作风有着决定性的影响。其做法是：林荫道加上由修剪植物围抱形成的开放空间以连接城市广场和街道。德国则与法国不同，由于其哲学和艺术上的独立发展，其景观设计风格较为多样，并体现出一定的独创性。将景观规划作为公园甚至城市规划的延伸可能归因于人们的幽居癖。例如，对于曾经建立了伟大的霍亨索伦（Hohenzollern）王朝的统治者弗雷德里克大帝来说，波茨坦市就是他个人欲望的一种表达，该城市的平面和符号都刻画着一个荣耀无比的独裁者和杰出的行政首领对于远远超越了他自己有限的疆域的领土野心。

5-13　法国埃松省梅雷维尔花园中的装饰性建筑。（左上图）

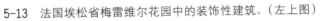

5-14　华盛顿的城市规划。

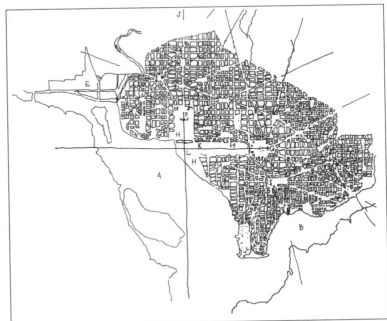

5-15　马里尼侯爵花园。（左下图）

5-16　丹麦腓特烈斯堡（Frederiksborg）公园的城堡。（右下图）

第三节　中国学派

与凡尔赛宫同时，中国的景观设计以北京的颐和园（Summer Palace）为标志达到了高峰。虽说该园继承了中国的传统，但在设计上过分强调规模而在造园的意境上追求不够。然而，与一览无余的法国景园设计作风相比，颐和园的构图是非对称的，空间序列是逐步展开的，而尺度也是与树木相关而且近人的。

中国皇宫本身仍采用非常严格的院落式布局。与人工的山水相比，皇室各部的安排形成了自身的自给自足体系，各得其所，宁静而具有私密性。与此相比，更为迷人的体验是每月一次的灯会。届时，园内外挂满了灯笼，热闹非凡。皇帝为了平衡人工山水和庄严的皇城，在他的私人生活区内追求宜人尺度。中国有关景观设计的经典于 1687 年首先传入法国。1697 年，莱布尼兹发表了《中国传奇》(Novissima Seneca)一书，书中赞扬了孔子的伦理观。

在接受孔子的伦理思想的同时，法国已存在一种反专制及教会的思潮。这时，凡尔赛宫廷本身也转向了这个渗入的东方新概念，不过他们是为了不同的原因。轻巧而带有幻想色彩的中国建筑，作为一种对古典主义的逃避，开始与洛可可风格（Rococo）融合在一起。在英格兰，威廉·坦布尔（William Temple）爵士于 1687 年发表了他的《伊壁鸠鲁的花园》（The Garden of Epicurus），他在书中赞美了中国花园，赞美那种错综复杂的非规则性，并将"那些美感突出但无秩序可言……而且极易被观赏到的"地方命名为"霞拉瓦吉"（Sharawaggi）。1728 年贝提·兰格里（Batty Langley）在《造园新原理》（New Principles of Gardening）中阐述了中国作风与理论。1757 年威廉·钱伯斯（William Chambers）爵士出版了《中国建筑设计》(Design of Chinese Building)一书。

到 18 世纪中叶，中国风在英格兰已有了实质性的影响。但是，此后这种影响只是停留在花园设

5-17　北京颐和园，自排云殿仰视佛香阁。（对页）
5-18　颐和园排云殿及昆明湖鸟瞰。（右图）

5-19　中国风格的影响：露天剧场里的"中国瓶"。

计的细部上。同时，这种做法也扩展到整个欧洲和北美殖民地。与中国贸易往来较多的瑞典可能是永远保持这种新的设计风格的惟一欧洲国家。模仿者们并没有能够欣赏到中国传统园林的精神，实质上是一种象征主义。西方的旅游者只看到了满清王朝的一些巨构，而遗漏了那些体现中国精神的设计作品。中国的故事，特别是中国在景观设计观念上的那种情景交融的意念，对于欧洲人来讲是耳目一新的。欧洲人因此建造了无数雅致的景园、桥梁、栏栅和湖泊，还有那些与之的石头假山和造型奇特的石洞。18世纪中叶，正值英国学派达到其巅峰时，中国学派的设计思想在英国这个地形起伏的国度与崇尚自然形态的英国学派结合了起来。总之，在法国、德国和俄国，中国作风一时影响很大，成就斐然。而在英国反映并不明显，在瑞典的反映则特别含蓄。

5-20　中国山水画中的亭子。（上图）
5-21　北京颐和园的玉带桥远眺。（右图）

5-22　欧洲园林中的中国式亭子。（左上图）
5-23　瑞典乔特宁崔姆园平面（Proffning Holm）。（左下图）
5-24　钱伯斯的中国亭。（右图）

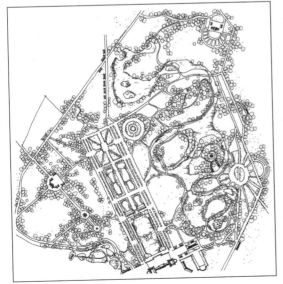

第四节　英国学派

该学派起源于英格兰，发轫于英国人那种潜在的自然主义倾向。而这种倾向直到18世纪才从当时盛行的意大利和法国古典主义的层层覆盖之中开始显露出了自己的独特性与艺术价值。这个流派的兴起带有文学性和自发性，发起人要首推威廉·坦布尔爵士（Sir William Temple）。他是在英国讨论中国造园并推崇中国学派的第一人。大自然不是人类的附属品，而是人类亲密的、具有同样价值的生活组成部分。大自然给人以无穷的趣味、新鲜感，并能陶冶人们的道德与情操。谢夫兹博瑞伯爵（Lord Shaftesbury）在其著作《道德家》（THE MORALISTS，写于1709年）中将这种新的艺术倾向与哲学观念联系了起来。他认为，自然法则就像牛顿的天体学定律一样是普遍而永恒的，而生态学的规律应能与在伯拉蒂奥用在建筑上的数学关系之间取得和谐。

起初，景观造园形式的变化是将中国式的曲线结合到古典的平面上，后来建筑师兼戏曲家约翰·凡布罗格爵士（Sir. John Vanbrugh 1664—1726）将新旧流派相结合，开创了真正的新局面。他在设计霍华德城堡（Casyle Howard，1701年）时，认真考虑了人与环境的关系。在景观设计上，将具有纪念性的建筑与地形起伏的英国地貌密切地结合起来。在18世纪上半叶，这门崭新的景观造园艺术的各方面已逐步显露出对逝去岁月的追忆和再现，对荒原旷野自然美的朦胧意识，以及对于空间的错综复杂的新感觉。司蒂芬·斯威泽（Stephen Switzer，1682—1745）似乎是详细描述这种新原则的第一人。而亚力山大·波普（Alexander Pope，1688—1744）则深得要领，集中地概括了这种新的追求：令人困惑、惊奇，并使边界形式多样而隐密。画家兼建筑师威廉·肯特（William Kent，1684—1740）和查尔斯·布瑞杰

5-25　油画《霍华德城堡》，享德里克·迪·柯特（Hendrid De Cory 1742—1816）。（对页）

5-26　英国威尔特郡的万神殿。（右图）

5-27　白金汉郡的哥特式庙宇。（左上图）
5-28　白金汉郡，科林斯式拱门。（右上图）

5-29　牛津郡的罗珊姆花园平面。（左下图）
5-30　伦敦伯灵顿勋爵别墅花园。（右下图）

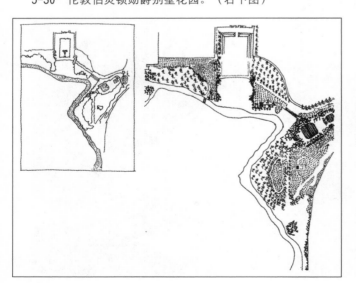

门（Charles Bridgeman, d.1738 年）合作发明了"哈哈"（HA HA）：一种下沉的壕沟。利用这种做法，既能限定地产或公园的边界，又对观赏视线毫无干扰。正是肯特其人，从实践上创立英国学派的独立性和完整性。

用霍瑞斯·沃波尔（Horace Walpole, 1717—1797）的话来讲，英国学派有如下三个特点：

①带装饰性的农场，将有实用价值的场境升华到艺术的领域。

②迎合学者、画家和美术爱好者情趣的景致，"如画"的森林以至原始森林。

③讲求空间优化设计，连接公园的花园，由能人布朗（Capability Brown, 1716—1783）加以合理的布局，并由汉弗里·瑞普顿（Humphry Repton, 1752—1818）赋予了理性的内容和形式。

装饰性农场理论（Ornamental Farm）在当时得到较高的评价，但没有产生立竿见影的影响。这种艺术并不带逃避主义色彩。那种关于农场或作坊可以被上升为艺术作品的观点在维吉尔的田园诗（Georgics of Virgil）中有所描述，并在丹麦赫宁（Herming）的现代化工厂中可以具体看到。风景如画的艺术作风（Picturesque）很大程度上取决于个人趣味，需要经过很长时间才能发展成熟，而且，其表达方式往往不稳定，只有成熟的画家才能掌握其技巧，创造传世之作。所谓"连接庄园的花园"这一流派更注重形式而不是内容。这是一种非常职业化的造园倾向，其规模宏大，操作起来程序清晰，能像建筑设计那样系统化，其成果维持起来也方便。这种艺术经久不衰并广泛流传的原因有二：一是它能给这个拥挤的世界一个有想象力的而且能让人怀旧的空间；二是在这个批量产品充斥的世界里，它能根据不同地点的自然条件给人以个性化的环境与建筑。用于实现这些意图而大量种植的树木主要有橡树、榆树、山毛榉、白蜡树和酸橙，而苏格兰松、落叶松则被少量地插种，用于形成不同的色调。有些新的品种，如雪松则是 1670 年从国外引进的。

5-31　白金汉郡的哥特式庙宇远眺。

5-32　白金汉郡 Bucking hainshire 斯都乌宅庙。
（右上图）

5-33　英国威尔特郡亨利·霍尔花园的阿波罗神庙。
（左下图）

5-34　英国斯陶里德花园。

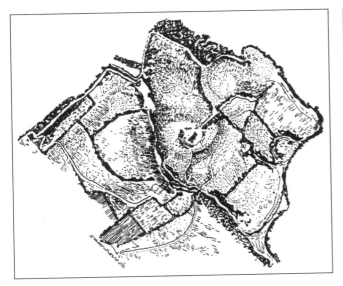

5-35　利索威庄园平面图。（左上图）

5-36　河神与睡仙女，亨利·霍尔花园。（右上图）

5-37　沃里克郡契斯特顿。（下图）

第五节 走近现代环境设计

19世纪西方社会的变化

近代，世界的能源和权力向法国、德国和英国以及后来崛起的美国和日本的势力范围转移。继铁的大批量生产之后，又发明了冶钢技术。随着蒸汽机的发明，全球的交通条件得以改善，因此，人们的距离概念也发生了极大的变化。特拉法尔加角（Trafalgar）被发现之后（1805年），英国取得了长达一个世纪的海上控制权。由于英国本土岛屿的地理条件，使它往往能免于遭受发生在欧洲大陆的战乱，维持并继续其世界性的殖民政策，扩大贸易，特别是扩大英国在北美的利益。与此同时，英国也引进了许多来自异邦的植物种类。然而，到了19世纪末，在北欧大陆和英国的上空笼罩着滚滚的工业烟尘，到处是贫民窟和废墟。相比之下一些有着浪漫色彩的风景区，如莱茵河流域和英格兰的大湖区还未受到污染，通过铁路和公路去游览的人不断增加，而沿海岸线和内陆的一些温泉和胜地也逐步体现出了自身的景观特色。与富有而文明的欧洲景观相比，北美的景致是朴实而巨大的，面对这种超乎人们理解的尺度与富饶的自然资源，人们竟不加选择、无所顾忌地开始了向自然的掠夺。

1776年的美国革命建立了民主立宪的美利坚和众国。1789年的法国革命建立了共和国，但不久却让位于拿破仑。他征服欧洲，自封帝王（1804—1814），推行理性主义的信条。滑铁卢一役（Waterloo）之后，欧洲又陷于一片分裂的状态，自由民族权利和信念受到独裁的压制，而英国则从中得益。这种局面一直持续到1870年的普法战争。在欧洲，惟独英国在不断地向外殖民，诸如非洲和印度，从而建立了包括印度在内的世界上最有扩张性而且富有的大不列颠帝国。到19世纪末，君主立宪的维多利亚女王政体得到巩固，英国持续地拥有海上霸权。法国成为一个并不稳定的总统制共和国。德国在普鲁士的霍亨佐伦（Hohenzollerns）王朝的统治下发展成为一个强大的军事帝国；美国也在经济实力上有了长足的进展。拉丁美洲各国挣脱了西班牙和葡萄牙的殖民统治而先后独立。日本从19世纪下半叶起从一个中世纪国家一跃变成了一个现代强

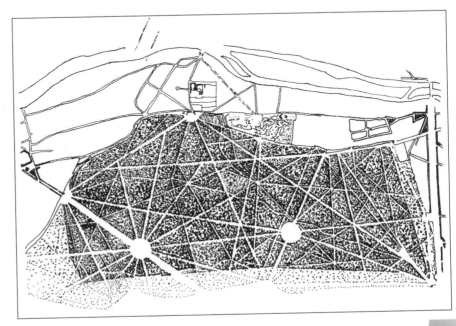

5-38 巴黎的艾菲尔铁塔。（对页）

5-39 巴黎的格涅树林。

国，对中国和俄国都形成了威胁。惟有中国不幸，倍受东、西方列强的侵扰，国运不佳。

自从法国革命和帝国的巨变之后，欧洲的政治气候陈腐，政体复旧。例如，在普鲁士，虽说其教育在当时的欧洲是比较发达的，但是无政治自由，更谈不上去涉政。在英国，拥有土地的保守势力不断增强，然而，却受到远远领先于大陆的工业革命的影响，传统上的阶级关系不得不有一定的改变。地主和农民之间的自然经济关系破裂。开展了圈地运动之后，农民流离失所，而地主则从中得益。农民被放任自流而形成工厂的劳动力来源，汇集成大多数的社会底层的群体。富人越来越富，数量愈少，而穷人则更加贫穷，数量更多。而新生的中产阶级则追逐着贵族的生活方式。1832年改革法案（Reform Bill）在乡村和城镇开始生效，从那以后，缓和贫民窟下层社会的生活状况越来越成为公众的责任，

由此产生了这一时代中最有意义的集体公共景观。在美国，新的社会秩序要求探讨一种新的适于美国文明的形态：它既不能是英格兰的翻版又必须能容忍王公贵族和传统宗教。法国大革命和拿破仑执政时期（1793—1815）使当时的欧洲经济体系彻底瓦解。但是，在特拉法尔加角被发现之后（1805年），英国控制了商业海域，滑铁卢事件之后有了一个世纪的和平时期。英国因此而扩大了自己在全世界的影响，攫取了较他国更多的财富和特权地位。从农业向工业产品型经济结构的转变，意味着用出口煤炭和其他工业制品来牟取利润，进而买进廉价的农产品和原材料。在这所谓自由经济的机制下，大量的财富逐渐向极少数人手上集中，而这些财富又相对集中用于私人产业上。另外，"资金拥有者"或小投资人由18世纪中叶的1.7万个增长到1829年的27.5万个，这就形成了大批拥有房产而且又有

5-40　自 Pantheon 圆顶上拍摄到的巴黎（摄于 1876 年）。

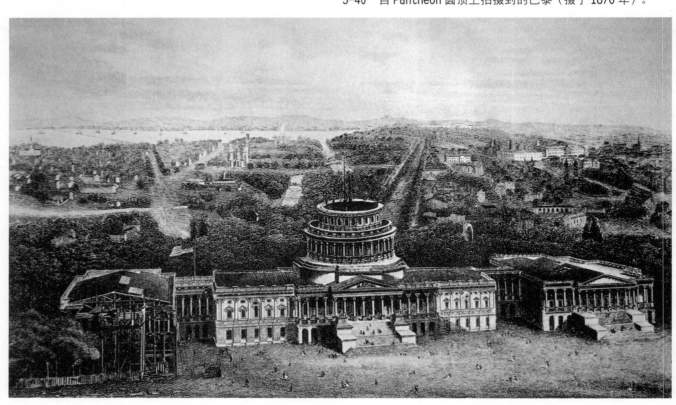

能力建设自己花园的中产阶级。1851 年的博览会体现了英国在金融、科技和工业产品上的世界强国地位。而 1893 年在芝加哥举办的哥伦比亚世界博览会，不仅标志着美国作为世界经济大国的成熟，而且体现了美国人对于艺术在社会中的经济价值有了真正的认识。

贝特兰·罗素（Bertrand Russell，1872—1970）对 19 世纪思想状况的的评价是："比以往任何时期都更加复杂"，这可归因于几个原因：①思想领域的空前扩大，特别是美国和俄国在这方面的重要贡献，欧洲从古典到现代哲学上的地位得到进一步的认识。②科学自 17 世纪以来便是进步的动力，到了 19 世纪又在地理、生物和有机化学上有了突破性的进展。③机器生产深刻地改变了社会结构，给人以新的、相对于外部环境的自我力量意识。④对于传统思想从思想上、政治上和经济上有了一种全面的批判意识，甚至抨击了那些迄今为止尚视为不容评判、无懈可击的信念和制度。

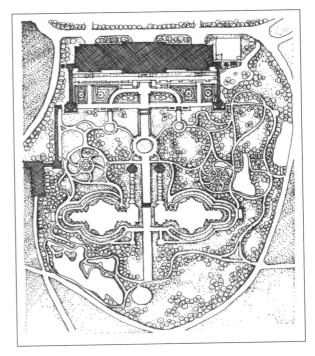

5-41　迁至西登海姆的水晶宫平面。（右上图）

5-42　1851 年的伦敦水晶宫博览会大厅内部。（右下图）

5-43　巴黎的凯旋门。

19世纪欧洲环境设计的风格

受文学和旅游的影响，对逃避现实进入浪漫幻想之中的渴求，成了这个时代非常突出的精神现象。在建筑上，风格已陷入混乱境地，哥特式、希腊式、埃及式、印度式，当然也包括意大利文艺复兴风格都同时挤到了建筑舞台上。这个时期的城市规划思想也偏于保守，勒·诺特尔的古典手法在欧洲大陆影响极大。在英格兰，宁静的古典建筑与罗曼蒂克的风景设计结合在一起，不时还掺杂着一些英国的"哥特式"风格。随着国际化趋势的日益明显，特别是外来植物的引进越来越多，在英国开创了一种都市花园风格，其间，来自日本的影响比较明显。但是，在欧洲，人们主要是通过工程技术和绘画艺术来引导景观设计的趋势。在本世纪初，主要是由透纳（Turner，1775—1851）、康斯坦布尔（Constable，1776—1837）和那些受湖泊诗人影响的水彩画家们揭开了19世纪的帷幕。后来，这种湖泊诗人的灵感通过印象派和后印象派传入法国，预示了一场人类对整个环境观念的变革。

19世纪欧洲的景观设计思想体现的是一种民族意识而不是帝王个人的辉煌业绩。法国的古典设计思想是欧洲的典型代表。勒·诺特尔将这种规模宏大的理性主义设计手法发展到了极为成熟的地步。拿破仑时期发展了有林荫道的十字交叉的运河体系。巴黎的香榭丽舍大街和凯旋门是帝国盛期的代表作，在建筑艺术上所讲求的是雅致而富有尊严的新希腊作风（New-Greek）。19世纪中期的巴黎改造规划由巴隆·霍斯曼（Baron Haussmann，1809—1891）做出，这个规划的特点是能满足镇压城市暴动的需要。然而，有规律而又宽又直的大街又从另一方面引来了街道两旁富有浪漫色彩的公园系统设计。

法国的首都是19世纪古典主义流派的中心，法国的艺术风格也一直是该流派的核心。与当时霍斯曼的巴黎规划相对比，维也纳则从一个中世纪的军事设防城堡被改造成了一个宏伟的、非军事的而带有浪漫色彩的绿化城市。1889年一个叫凯密勒·西特（Camillo Sitte，d.1903年）的威尼

5-44　"韦德思当"白金汉郡，英国的法国规则式宫苑。

斯人出版了一本名为"城建艺术"（The Art of Building Cities）的书。他反对以超人的尺度来设计城市，主张城市环境应容纳人的个性，要以树木为基本尺度。对于这种观点的反响是积极而且国际化的。这也预示了新一代的、可居性较强的城市规划思想的诞生。

欧洲大陆浪漫主义的中心是在德国。诗人兼科学家哥德（Goethe，1749—1832）比以前的任何哲学家都更深入、更广泛地从浪漫主义和古典主义两方面研究了人的思想和人与环境的关系。建筑师斯金柯尔（Schinkel）也从浪漫景观想象和严密的希腊－罗马式（Graceo-Roman）建筑复兴两个方面表达了自己的见解。19世纪中叶，理查德·华格纳（Richard Wagner）的瓦尔哈拉（Valhalla）表现了一个民族的梦幻世界，在这个神话世界里的纽什凡斯泰恩城堡（Neuschwanstein，中世纪城堡改建的要塞，工程豪华，富于浪漫主义色彩）的异想天开变成了具体实在的体现。这种近乎神秘的内部世界与自然景观不无关系。

正如英国人深受其缓缓起伏的大地景观的限制，法国人以一种逻辑的立场对待其北方平川一样，南部、中部和西部的德国人也必然受其本土幽深的树林、山脉和河谷的影响。罗马人从来就没有占领过德国，莱茵河是德国景观中的圣地。东德的文化更带有哲理性、文学性和音乐性而非视觉性。然而，不管怎样，通过东德与西德的合并，景观设计跳过了许多欧洲的试验而进入了下一个世纪的审美形式之中。

总之，新古典主义和浪漫主义是19世纪欧洲文化的两个侧面，它们都有其传统的理想主义的根源。虽说两者很难像斯金柯尔（Schinkel）或大卫（David）那样并存于同一艺术家身上，但两种倾向总是并存于同一文化之中。在巴黎，霍斯曼（Haussmann）和J.C.A.埃尔芬德（J.C.A. Alphand）就代表着这两种艺术观的并存。

有意义的是慕尼黑市在1789年以其古典主义的风格与英国式的园林融合而得到了平衡。1851

5-45　德拉蒙德城堡（Durmmond Castle），苏格兰19世纪意大利混合式露台园城苑。

年的伦敦博览会也曾表现出了不规则的风景能与逻辑关系严密的工程技术相结合。而 1889 年的巴黎博览会则在环境设计上更有着惊人的突破：上千英尺的艾菲尔铁塔竟矗立在一个用古典手法设计的著名都市中。这个塔的材料是铁而不是石头，其尺度完全超出了周围环境，其造形合乎人们尚不熟悉的新材料的结构逻辑。然而，这一切都反映着人们探求新的空间概念的现实和永恒的愿望。法国的画家们对此作出了进一步的探索。

在英格兰，互相交织地运用古典主义和浪漫主义手法来从事景观设计的大师是赖普敦（Repton），其代表作是摄政公园（Regent）。新兴的中产阶级创造了别墅成群的城市郊区，这些别墅中风格质朴的花园不仅效法传统的公园形式，同时还汇集了各式各样的植物与花卉来装点环境。这个时期发明了一些新的园艺工具：如剪草机、供苗床种植的玻璃暖房等，庭院设计师 J.C. 兰顿（J.C.London）还创刊发行了一份影响很大的有关设计技巧的杂志。

5-46 伦敦的摄政公园鸟瞰。

5-47 摄政公园东部。（左图）

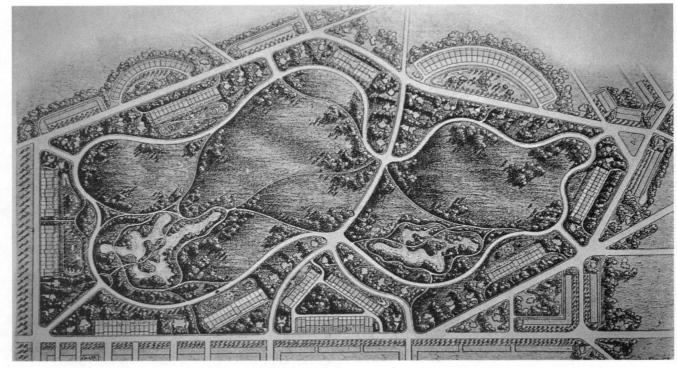

5-48　英格兰伯肯黑德（Birkenhead）公园平面。

1804 年英国皇家园林协会成立。与传统的景观设计发展的同时，1830 年后，出现了一种新的环境设计观念以构成一种综合的环境以满足下层阶级的需要。罗伯特·欧文（Robert Owen，1771—1858）以其对新拉纳克（New Lanark）的设想（1835 年）成为这种思想的先驱。G.M. 杜维廉（G.M.Trevelyan）认为是欧文首先提出了所谓现代环境是为人所控制的环境的看法。虽说以前也有为公众开放的公园，但是，第一座由公众建造并真正为公众所拥有，以改善公众的工作条件的公园是伯肯黑德公园（Birkenhead，1843 年）。欧文的主张直到此时才得到世人的普遍认可。

　　直到 19 世纪中叶，城乡人口比例正好是一半对一半。早期的市政景观的管理意识已逐步消亡。绿化广场在伦敦仍然保留，但是，那种封闭式建筑与这种空间是比例失调的。查尔斯·巴利爵士（Charles Barry，1795—1860）重建了意大利文艺复兴盛期的别墅和花园，建筑形式从哥特式变成了古典式。维多利亚女皇（即阿尔伯蒂公主 Albert）在槐特（Wight）岛按意大利风格建造了奥斯本公园（Osborne），又在苏格兰根据当地的华丽形式建造了贝尔摩罗园（Balmoral）。各处的发展都有其个性，只是在工业城市里除了几个新近构想的公园之外，到处是条件恶劣的工厂和任意蔓延的贫民窟。1851 年的博览会的成功并未改变这个现实世界。尽管在当时的英国，人们缺乏一种共同的建筑认识，但是在风景设计上却变得丰富而带有一种日益增强的国际化趋势。特别是树种、灌木、花草和其他植被在公园或花园中的引进，为 20 世纪的园艺事业留下了一份丰厚的遗产。

　　19 世纪末期人口增长了三倍，铁路纵横全国，城镇向郊区发展，大片土地因肆意开采而遭到破坏，工业的烟尘污染危害了人与植物的生命，摧毁了人们对于生存环境的自豪感。19 世纪末的英国陷入到了景观被严重破坏的悲哀局面之中。新的城市社会压倒了旧的乡村生活，而新的生活价值观尚未找到自身的平衡。在这文明价值观的混乱时刻，在一大堆错综复杂的争端之中，像灯塔一样来指点迷津的是一个属于他自己的人而不是领袖。爱德华·何塞（Edward Hussey）和詹姆斯·贝特曼（James Bateman）所关注的是人们思想意识上的景观；奥古斯特·史密斯（Augustus Smith）关注人与景观的"伙伴关系"的潜力；布鲁内尔（Brunel）和帕克斯顿（Paxton）则关注着新发现的工程技术和景观的相互关系；兰顿关注于植物的普遍生态；罗宾逊（Robinson）研究了在海岛上的生息问题而杰克尔（Jekyll）则进而关注有关的艺术问题。但是，首先是罗伯特·欧文考虑到了人类生态学的概念，为后来泰特斯·萨尔特（Tutus Salt）、利弗霍姆爵士（Lord Lever-hulme）和凯德伯瑞兄弟（Cadbury Brothers）的实践打下了思想基础。

5-49　玫瑰园（Rose Garden），哈福德郡，英国 19 世纪流行的混合式园林。

19世纪美国的环境设计风格

19世纪的美国，1800年，在86.8万平方英里的土地上生活着不到500万人；到1900年，人口达到7500万，占据了近300万平方英里的土地。在这个时期，来自欧洲的移民就有1500万以上。美国在原来东海岸殖民地的基础上不断向西扩张，于1848年占有了加利福尼亚。在向西部移民的同时，他们剥夺了印地安人的土地和权利。当时的殖民者并不考虑地理形态，而是用丁字尺在图板上划分土地。资源掠夺和能源的消耗是惊人的。采掘业靠五大湖的运输，农业运输则靠铁路系统，到了1865年铁路的行程已超过了全欧洲国家的总和。在南北战争（1861—1865）之前，社会内部极度混乱，由于奴隶制的存在，国家四分五裂，在大量创造的物质财富的浪潮中，人们无暇顾及艺术领域，因此艺术大都是来自欧洲大陆的舶来品。到了1900年间，对于自然资源的挥霍与浪费才开始引起政府的注意。

美洲殖民地的设计传统是来自文艺复兴时期的荷兰和英格兰。在建筑上仍保持着18世纪的优雅风格。托马斯·杰斐逊总统（Thomas Jefferson, President 1801—1809）交游广泛，有着相当好的建筑文化修养。他为风景设计的深刻内涵所吸引，并致力于在美国奠定一个以英国和法国传统为中心的景观设计基础。因为杰斐逊总统羡慕凡尔赛宫，并试图在首都的建设上营造辉煌的纪念性氛围，因而选中了恩芬特（L.Enfant）来规划首都华盛顿。来自英国莱普敦（Repton）的影响体现在景观设计师唐宁（A.J.Downing, 1815—1852）的实践上，而弗雷德里克·劳·奥姆斯特德（Frederick Law Olmsted, 1822—1903）所设计的纽约中央公园（Central Park, New York, 1857年）则是早期北部城市景观设计的典型实例。1893年芝加哥博览会上所展出的仿古典传统式建筑表现了以巴黎为中心的巴黎美术学院对其的深刻影响，并从实践上限定了后来的大学校园和大型展览会的设计。与欧洲相比，在居住环境的设计上，美国的贡献极小，一些富人别墅的宅前花园仍向外开敞，不设围墙，象征着美国的开放与民主。1899年奥姆斯特德与其他人一起创立了美国景观建筑师协会（ASLA），从而确保了这一专业发展的美好前景。

5-50　华盛顿中心区，1860年建设中的国会大厦。（对页）
5-51　约塞米蒂国家公园，位于美国西部的加利福尼亚州，面积约3 028平方公里，1890年定为国家公园。（下图）

5-52 从南面俯瞰中央公园（Central Park from the south, New York City）。（上图）

5-53 华盛顿的国会大厦（Capitol Building, Washington, D.C）。

5-54　范德比尔特大厦（Vanderbilt Mansion, Newport, Rhode Island），由美国最富有的范德比尔特家族设立的博物馆。

5-55　白宫（The White House, Washington, D.C.）。

5-56 佛吉尼亚大学,
托马斯·杰斐逊设计,
1825 年。

5-57 纽约港的自由
女神像。

托马斯·杰斐逊和奥姆斯特德是两位对美国的景观设计有着突出影响的伟大人物。杰斐逊是文艺复兴人文主义传统的最后一位弘扬者，他试图以法国的新古典主义、帕拉蒂奥的设计思想甚至古典罗马作风为媒介来表达美国的现代自由主义。佛吉尼亚大学的校园是杰斐逊最后设计的几何形景观的杰作，这座校园将求知的集体荣誉感和人类的个体性、敏感性结合在一起，创造了一个理想的环境，而居住单元也能与纪念性建筑群相结合。杰斐逊曾在该大学的简介里写道：有真知灼见的人是能超越专业限制的。奥姆斯特德则是另一种人，他是景观设计专家，他曾周游欧洲各国，专门从事公共林园的研究。杰斐逊作为学者，创造了一种安全而静谧的环境；奥姆斯特德作为专业的景观设计师创造了在当代都市环境下的绿洲，他在很少的几个助手和学生的帮助下，如查尔斯·埃利奥特（Charles Eliot, 1859—1897），用他的观点引导美国从孤立的城镇公园这一观念转为将城市和国家作为一个整体来设计的观念。

5-58　普林斯顿大学（Princeton University, Princeton, New Jersey）。（上图）
5-59　美国华盛顿的旧邮政大厦（The Old Post Office, Washington, D.C.）。（下图）

第六章　现代环境设计思潮（20 世纪以后）

第一节　现代环境设计

20 世纪的社会发展背景

世界人口数量在 19 世纪几乎增加了一倍，到了 20 世纪初，除了在南美洲腹地和两极之外，人们都在将自己的生活方式以不同的形式强加给地球。野生动物，特别是那些比人尺度大一些的动物几乎面临着绝迹的危险。除了著名的中国长城和京杭大运河以及罗马的输水道等一些宏伟的工程之外，工业时代以前的主要人口布局通常都受到了与地理位置有关的当地土地制度的制约，还受人、畜的劳作能力的限制。然而，现代人却借助于发展了近两个世纪的近现代科学技术，大规模地改造了地貌，大地上留下了许多被人掠夺的伤痕。垃圾倒进了森林，城市人口膨胀，城市上空的空气长期受到污染，达到令人无法忍受的地步。工业化时代的人们破坏了土地的平衡，以及基于全球尺度的自然进程，这些行为给人类自身出了大难题，以致现在不得不付出昂贵的代价去解决。

维多利亚女王的去世标志了一个时代的结束。但是，帝国主义势力仍在蓬勃地成长着。1911年，大英帝国处于鼎盛时期，宣布了新德里（New Delhi）为印度的首都，其规划倾向是古典主义的。第一次世界大战摧毁了奥、德帝国，诱发了俄国1917年的十月革命，推翻了沙俄王朝，创立了原苏联的苏维埃政权。大部分欧洲国家由于战争而精疲力竭，只有少数未参战的斯堪的纳维亚国家和瑞士的经济得以发展。在欧洲，资本主义国家都不可避免地卷入了对于共产主义革命的恐惧，同时也受到了法西斯主义的威胁。在东方，日本军国主义崛起，向清王朝覆灭（1911年）后国力薄弱的中国大举蚕食。而真正的财富则因为战争和军火工业的利益而流入美国。1929年的经济大萧条又导致了F·D·罗斯福（1933—1945年任美国总统）的新政。第二次世界大战进一步削弱了欧洲，美苏两霸对峙的局面形成。在这种冷战局面下，世界文明步入了一个新的时期。此后，人类开始确立了一种认识：用人力去征服自然的立场只能导致灾难，正确的立场是与自然界合作。

在历史上，人们的生活与土地结构关系一直是错综复杂、紧密交织在一起的，无论是个体农民或土地的拥有者，对各自的生活工作环境有着一种自豪感。在新近发展起来的人口稠密的工业化国家中，这种结构关系主要被以非人性化组织起来的劳工所取代，这种劳工是由公司及其合股人以及迅速发展起来的中产阶级来补充的。工业资本家心中只有生产，对环境则毫无兴趣。传统的、现在负债累累的地主只关注保留历史的价值观念，似乎只有出身于中产阶级的人士，才具有朝着文明进步迈进的创造性思想。在英国，花园城市运动就是以中产阶级道德价值观为主流思想而发展起来的。在美国，富人的捐赠促进了科学研究，此举使许多新的改革成为可能。在整个西方世界，正是那些出身于中产阶级的人发起了一种新的生活方式——无奴仆社会的生活方式。

6-1　1906—1908年纽约兴建的胜家制造公司大厦，该建筑高612英尺，它的建造商当时曾声称是世界上最高的办公楼。

资本主义制度作为西方经济的基础而继续存在，而且大多数发达国家现在已由农业型经济转向制造型经济，这种转变的影响在人口稠密的英国最为强烈。农业已经衰败，而对外贸易却产生了过剩的岛国城市人口，其数量大大超过了土地所能承受的能力。第一次世界大战一结束，这个问题就立即摆在人们的面前。农村不仅在容量上拥挤不堪，而且在质量上也每况愈下：土地被任意出卖，用作建房；生活资料加工合成业代替了地方土特产业；机械化的农耕方式需要大面积的成片农田，而很少需要灌木与丛林；具有快速经济效益的针叶林的大面积栽植开始挤掉了杂木林；铁丝网圈地随处可见。两次大战已显示出只有国家才能产生巨大的生产力。到 1950 年，大多数国家不仅为材料工程制定了控制计划，而且为材料工程提供了私人企业无法承受的资金，并表现出了极大的积极性。

欧洲的环境与景观设计

从本世纪开始，人类的基本信念受到严重的挑战。1907 年，爱因斯坦的相对论开敞了时间与空间

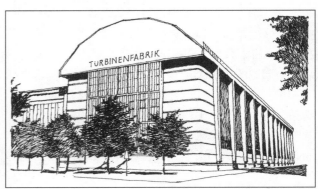

6-3　彼得·贝伦斯设计的德国通用电气公司的厂房。

6-2　1914 年纽约的城市天际线，被不断涌现的高层建筑勾划出一种奇特的景象。

的革命性观念。科学正在以超出常人所能理解的速度向前迈进，开发着既可为人类创造繁荣，也可使人类毁灭的动力资源。先进国家的宗教已基本上被人们的道德行为规范所取代。对于新的宇宙观及其含义，哲学本身虽然未能给予什么指导，但直觉主义和理性主义之间的斗争得到了承认。法国人亨利·伯格森（Henri Bergson，1859—1941）是直觉主义哲学家，希望理智主义内向化并希望唤醒人类心中的直觉潜力。反对理性主义的另一派别是马克思的辩证唯物主义，这是一门与现代工业化相适应的哲学。直觉主义在建筑方面的典型是超级建筑师安东尼·高第（Antoni Gaudi），而理智唯物主义的代表是超级建筑师勒·柯布西埃（Le Corbusier）。不过，随处可见的新生现代艺术却是通过表象背后的潜意识，被统一在它们的表现与追求之中。

只有斯堪的纳维亚诸国未曾受到19世纪工业革命和战争的浩劫，它们在环境和生活模式之间取得了优雅的协调。在工业化国家，混乱的观念意识，杂乱无章的建设生产左右了环境，两种不同的创造力各自互不相干，按照自己的方式发展。一种是把社区效益视为整体土地使用的科学内容，另一种是新型的现代艺术形式。前者注重城市设计、土地和景观规划以及自然、历史资源的保存和适度开发。后者起源于第一次世界大战之前艺术界的构成主义运动：即基于机械生产方式的所谓"功能主义"和"国际式建筑学"。这一运动倒是包含了解放空间以及机器比例这些人为空间的理论探索。虽然规划科学和建筑学总有矛盾，但现在也开始有了联系。作为整体和个别之间的结合体，景观设计的作用逐步得到了承认，总体景观规划的观念终于为人们所接受。

虽然有斯堪的纳维亚国家的示范、德国的规划效率、法国的精雕细刻以及英国的传统，但是，在土地规划设计中最有意义的事是现代城乡规划学科的诞生。尽管城乡规划的萌发由来已久，但是其杰出的协调人或者说鼻祖应数帕特里克·盖兹（Patrick Geddes，1854—1932），其发源地是被

6-4 西班牙巴塞罗那的米拉公寓，安东尼·高第设计（1905—1907）。

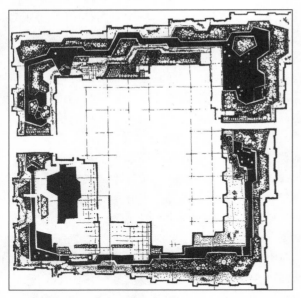

6-5 蒙特利尔，Place Bonarenture Hotel
屋顶花园的规划。

6-6 法国萨伏伊别墅，勒·柯布西埃设计
（1929—1931）。

他誉为"观察台"和"实验室"的爱丁堡了望塔。盖兹于1915 年出版了《演进中的城市》（Cities in Evolution）一书，在书中他以远见卓识阐述了与文明、生活、艺术和科学休戚相关的生态学。他认为自己的观点是对亚里士多德主要见解的发展，即是把城市当作一个整体来看。如今，这一观点已成了全球性的共识。他的思想与由艾伯尼兹·霍华德（Ebenezer Howard, 1850—1928）发起的花园城市运动并驾齐驱，这些思想后来就逐步形成了刘易斯·芒福德（Lewis Mumford）二次大战时期的著作《城市的文化》（Culture of Cities, 1938 年）的思想，并启发了 1943 年在规划伦敦城时的生物分析。与这些运动相关，但又不属于运动中的人物是那些孤军奋战，富有天赋的个体建筑师，他们都完满地调节了建筑与景观的关系。在欧洲，到第一次世界大战结束时，一种集体式的景观观念已见雏形，并且建立了景观建筑学专业。

纯粹主义者的构成学派运动几乎同时起源于俄国、荷兰、德国和法国，它后来成了建筑界一支主导力量。构成学派发展的每一步都遭到了权威和外行的挑战，直到第一次世界大战之后，构成学派运动的思想才开始在教育界取代了巴黎美术学院（Ecole des Beaux-Arts）

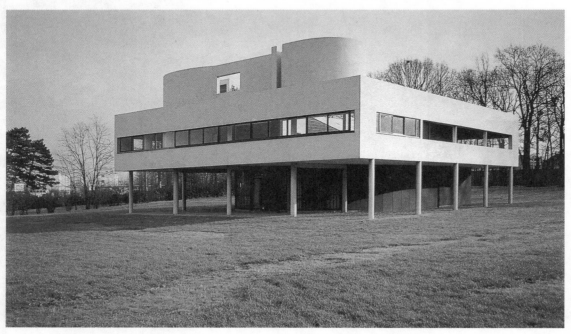

的思想。在建筑学流派中有两个源头：一个是个人主义者勒·柯布西埃，他对法国人来说是不能接受的；另一个是德国魏玛的包豪斯（the Bauhaus at Weimar），1919年由瓦尔特·格罗皮乌斯（Walter Gropius，1883—1969）创建，1933年被纳粹分子关闭。包豪斯除了取材于自然界的艺术之外，所有艺术都是综合的、数学化的。构成主义的思维方式在荷兰画家蒙德里安（Mondrian 1872—1944）的系列抽象作品中令人信服地符号化了。其中，现实中的树木失去了其可识别性，而成了几何形体。从建筑学上讲，这种见解主要与新颖的数学比例和传统式围合限定的空间的丧失有关，钢、钢筋混凝土、玻璃和中央供暖系统等一些新的建筑技术使这种见解成为可能。这些思想对于环境设计的初期影响是具革命性的，而由此产生的建筑似乎是陌生的天外来客。

从1919—1933年的整个历史时期，生态学和构成主义这两股孪生势力始终处于相对立的境地。生态学家本能地背离了新的花园城市中的以及其他地方的现代建筑，因为他们关注传统家园中的花园和树林里那种熟悉近人的人文要素；另一方面，构成学派因为发现了一种新的、令人惊叹的艺术形式而受到了启发，这种新的艺术形式经过天才设计师之手变成了现实，成了人们一种时尚追求。当这一运动杂乱无章地走向社会的时候，便顺理成章地涌现出了大量脱离自然、毫无人情味的混凝土构筑物。从总体上看，后者不仅对欧洲而且对整个世界都是一场灾难。此时，瑞典建筑师哥温那·阿斯伯伦（Gunnar Asplund，1885—1940）可能是惟一的景观设计师把遗产（从亚里士多德和柏拉图那儿继承下来的）合并成独特的、和谐的艺术作品。今天，人们认识到这种合并在一个生态系统中是必不可少的，它不仅是实现帕特里克·盖兹的远见卓识所必须的，而且是使作品上升到艺术王国所必不可少的。

从1900年到第一次世界大战期间，美洲各国的景观园林自1893年哥伦比亚博览会以来得到了发展，这一时期欧洲的古典主义在建筑界占有统治地位。罗马的美洲学院创建于1894年，并于1905年得到国家的承认，又于1915年设立了景观建筑学奖学金制度。查尔斯·伯拉特（Charles Platt）在1894年撰写了关于意大利花园的文章，

6-7 德国包豪斯的校舍，格罗皮乌斯设计。

6-8　法国萨伏伊别墅的室内，
勒·柯布西埃设计（1929—1931）。

6-9　矶崎新：群马县立近代美术馆
（1970—1974）。

6-10　Glosbrup县立医院平面规划图。

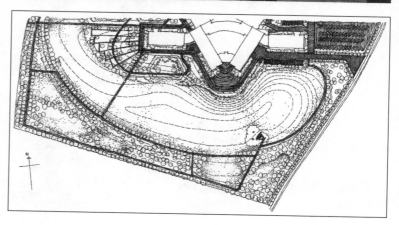

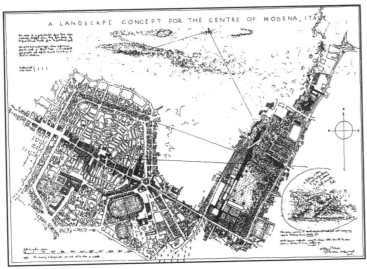

6-11　莫丹拉市市民公园。（上图）

6-12　莫丹拉市市民公园休闲中心。（中图）

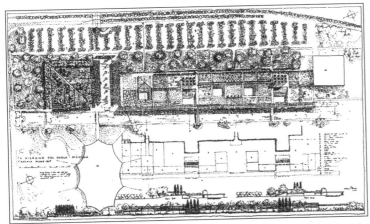

6-13　巴塞罗那居埃尔公园，安东尼·高第设计。

后来他又创立了"新文艺复兴式园林"。1901 年他成为华盛顿麦克米兰规划的（the Macmillan Commission plan）授权规划师。他采用的是一种古典空间概念，用林肯、杰弗逊纪念馆作为后来水域轴线的界碑。其他地方的城市平面基本上都受巴黎艺术学院（Ecole des Beaux-Arts）思想的影响或左右。D·伯尔罕（Daniel Burnham）1909 年为芝加哥城设计的纪念性项目已达到了登峰造极的地步。与欧洲先进地区的景观建筑学专业的成长相关，美国于 1899 年成立了美国景观建筑师学会（简称 ASLA）。在美国，景观建筑师最大的雇主是美国国家公园局（National Park Service），所涉及的设计课题是史无前例的。从历史的发展来看，虽然美国的景观设计作为一门艺术不如建筑学那么风格卓著，但是景观设计所拥有的特殊种子正在发芽，等待着在第一次世界大战之后开花结果。毕竟，它是一个脱离欧洲的、而不断独立深入发展的运动。

6-14 哥伦比亚博览会，1893 年。

6-15 布赖斯峡谷（Bryce Canyon）是天然景观式国家公园。

6-16 维尔文花园城市平面示意图。（左下图）

6-17 美国黄石国家公园。（右下图）

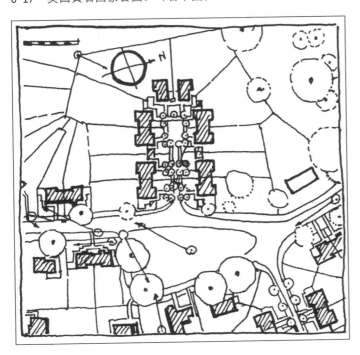

美国在景观设计方面的进展

在两次世界大战之间，当城市如丛林般地不断生长时，美洲大陆的风景景观正在静悄悄地迈着坚定的步伐由传统的思路向着新的思维方式转变。勒·柯布西埃在巴西比在法国更受欢迎。罗伯托·布尔·马可斯（Roberto Burle Marx）把景观设计提升到与欧洲的现代艺术运动相提并论的地位。在美国，从艺术与手工艺运动中崛起了另一位设计师，富兰克·劳埃德·赖特（Frank Lloyd Wright）。作为勒·柯布西埃的对立面，这一运动包含了源于土地而非机器的现代家庭艺术。此时，在所有合理、适当利用土地的新思想背后是景观建筑师们的集体劳动和多种专业的有关人士的参与。

1933 年的新政标志着承前启后的转折点。这时，美国不仅成立了田纳西流域管理局，而且还扩大了国家公园局的业务范围，包括了更多的国家公园、国家级的公园道路和国家级保护的海岸线，对于这些景观区域，国家公园局被赋予管理的特权，以便对这个现代世界的自然场所进行研究与探索。

在 20 世纪开端，美国人以抄袭欧洲的设计思想为起点，讲求大而全。华盛顿广场大道就是一个与众不同的杰出实例，在那里，宏大对个人来说虽已失去了比例，结果却获得了古典主义的壮观效果。起初，文化继续以第二手甚至是第三手渠道从欧洲引进，但这一时期却是一个介于两次大战之间的过渡时期，景观设计受到了公众的关注与珍视，取得了卓有成效的进展，以致产生了威斯特彻斯特公园大道（Westchester Parkways）的规划，它与纽约的曼哈顿、城市规划和建筑师设计的洛克菲勒中心（Rockefeller Center）形成了鲜明的对比，标志着对于城市丛林般的摩天大厦进行合理调整的首次认真的尝试。F.L. 赖特在这个时期是以讲求自然环境而闻名于世。但是，在其晚年，这位大师却给构成学派披上了浪漫主义的外衣，这一做法不如他早期作品那样令人折服。然而，在一个大量机器生产的世界中能保持自己的特色而且讲求人性是极为可贵的，而赖特的浪漫主义也曾启迪了现代建筑学的发展。

6-18　流水别墅，赖特设计。
（对页）

6-19　纽约的洛克菲勒中心
（Rockefeller Center,
New York City）。

227

6-20 赖特,河畔住宅设计。(右上图)

6-21 赖特,高地公园住宅设计。(右下图)

6-22 鲍德文山庄平面,洛杉矶。(左下图)

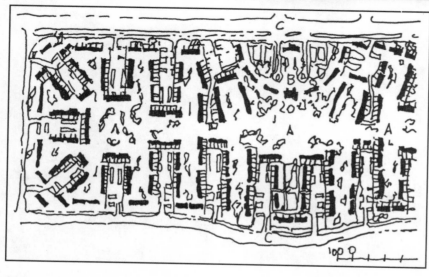

6-23、24　美国南达科他州布莱克山区的拉什莫尔山国家纪念碑（Mount Rushmore, Black Hills, South Dakota），花岗岩石上雕刻着四位美国总统：华盛顿、杰斐逊、林肯和罗斯福的巨大头像，分别象征着：创建国家、政治哲学、捍卫独立、扩张和保守。1927年动工，1941年建成，图23为杰斐逊总统脸部的特写。

6-25　加利福尼亚，洛杉矶花园。（左下图）

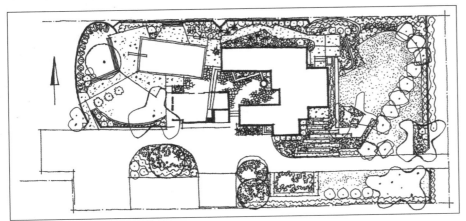

6-26 密苏里州，圣路易
的大拱门（Gateway Arch,
St. Louis, Missouri）。

6-27 纽约曼哈顿景观。（右上图）
6-28 在纽约中央公园里栖息的人群。（右下图）

第二节　当代环境设计的发展与环境美学理论

在当代社会，人们对地球的态度却发生了根本的变化。人类似乎不再畏惧自然，地方精神也在逐步消失，人们对于地壳内和太空外的理解更为深刻。通过射电天文学，人们可以探测外层空间所发生的事情。直到 1970 年的欧洲环境保护年，人们才真正地认识到人类的繁衍与发展不能没有限度。地球的承载能力也是有限的，自然资源应该得到保护而不能浪费，人口的发展与谷物的生产相关，自然灾难诸如地震、洪水和饥荒是可以预测的，而且最终是能够避免的。这便意味着一种观念的改变：为了生存，人类的一切活动都必须是整个生物圈或者说是自然框架的一部分而不是与之相对抗。生态学科学，即关于一切生物都是相互联系、维持平衡的科学，已为人们所认识。在生态平衡中，人类仅仅是整个宇宙总的统一体、连续体和相互依存体的一部分。

1950 年间，苏、美两霸的对峙控制着世界的平衡。1970 年以后，两大世界势力的崛起已初见端倪：一是以中国为主的亚洲，二是通过共同市场而形成的政治与经济合一势力的欧洲。这四大现代文明有其种族上的差异：亚洲是蒙古人种的东方文明的复苏；欧洲是多元化的雅利安西方文明的继续；苏联则或多或少是东、西方文化的现代综合体；而美国文化则是渗入了黑人文化的雅利安文化。到了 1973 年，阿拉伯国家在石油经济的支持下崛起，开始了中部文明——伊斯兰文化的复兴，从而形成了世界上的第五大势力。二次大战后，无进一步的、有一定规模的土地争战，国家之间的边界相对明确（按传统政体与地理位置和地貌划分，而不是硬性地、非自然地划分）。理论上，各国都支持联合国，并以此来维系世界和平，保护人类的文明与进步。1972 年，在瑞典首都斯德哥尔摩召开了第一次世界环境问题大会，讨论了土地的合理使用以及有关的环境保护问题。

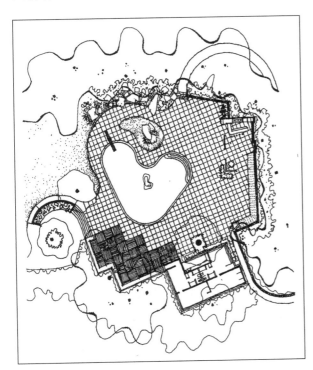

6-29　加利福尼亚 Sonoma 的游泳池平面。（左下图）

6-30　得克萨斯州的 Moody 花园的景观规划设计。（右下图）

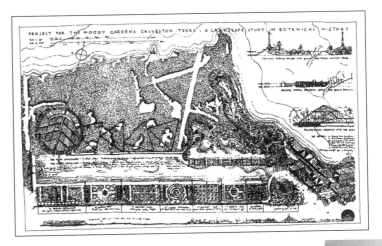

环境与景观的新认识

俄罗斯和中国首先把国家的发展作为一个整体来考虑，重视传统的景观设计遗产，但景观设计的真正目的仍然不十分明确。西方诸国却在某种程度上体现了在景观设计方面的创造力，西方各国的政体已由专制转向民主，社会的变革也反映到景观设计上。大型私家花园的时代已经过去，取而代之的是无数的小花园和集合式公园。在不同的阶层里，都有其一定的财富分配和休闲方式。在社会上有了如下共识：首先是能欣赏自然景观的真实价值；第二是人们把自己当作生态平衡系统中的一部分的参与意识，并以此来解除来自现代生活的压力；第三是一种合理调节现代生活与生态平衡关系的愿望。

衣、食、住、行问题总是优先于视觉上的审美要求的。只有当前者有了必要的保证之后，在一些先进的国家才可能认真地动用资金来解决景观问题。在英国，直到 1970 年才认识到一个好的风景景观就等于高效的国家级商业。大约 25 年之后，这种观点才被更多有远见的工业企业家所接受。在经济需要的平衡中所存在的困境是：有些需要是直接的和明显的，而有些需要则是间接的。英国政府在拒绝了专家有关在农业区堡金汉姆郡（Bukinghamshire）乡村选择克伯灵顿（Cublington）作为国际机场的建议之后，采用了利用泰晤士河口荒地的方案，这表明，在所有考虑因素中，英国政府首先考虑的是生活的质量。不论其可行与否，于 1971 年作出了决定，而到了 1974 年又被否决，这个决定反映了景观设计价值观的深刻变迁。巴巴拉·瓦德和瑞内·杜伯斯在 1972 年曾写道："我们正在做的是把越来越多的能量供给建立在原子能的基础之上，并把这种能量带到地球上来，而这种能量从来就没有让任何有机生命在这个星球上发展，也没有参与几亿年来地球保护机制的建立，如海洋，即氧气和臭氧的第一种创造物，而氧气和臭氧是地球上的绿色植被从无所不包的大气层中获得的。"哲学家兼牧师泰哈得·德·查尔丁（Teihard de Chardin）确立了一种形

6-31　加利福尼亚，棕榈泉的沙漠别墅。（左上图）

6-32　杜勒斯飞机场的种植计划。（左下图）

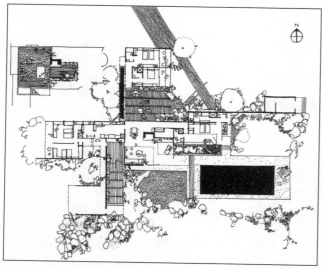

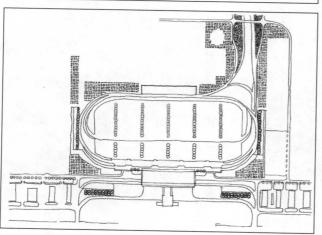

而上学的思想观念，即一切生命都在朝着一个共同的统一体运动。各个时代的抽象艺术家深信，当人类个体意识和这个星球表面的变化同步时，人类个体的潜意识就具有了相似性并带有了普遍性。反机械主义的最大成功是科学的"绿色革命"，"景观设计"则是这一革命的艺术活动。

自然界由两种力量组合而成，一种是生命的力量，在这种生命力的驱使下，为了生存，没有东西是一模一样重复出现的；另一种力量则是无生命的物理学上的惯性力量。人类把第三种元素投射到这种景色之中，即人类本身的表现——需要、愿望和抱负。理念是抽象的，并且只有通过现存的物质和不变的定律才能得以实现。这一元素已经强大到足以使地球表面面貌全非。但是，当它忽视了那些定律时，也就得为它的所作所为承担风险。违反规律的行为将导致其自身的丑陋，违反规律意味着十足的浪费，而浪费是自然界的对立面，是丑陋的，而且这一丑陋还会产生别的丑陋。

景观设计的核心首先是对于人类所拥有的个人环境和家园的改造。从这一点出发，就应该有习俗上、区域上、地域范围、种族组群或重新组群的适应性调整，最终，把这个星球作为一个整体加以调整。人类心灵十分喜爱几何比例所呈现出的静谧与安宁，但是，在景观设计中，毫无疑问地是将这种人类的感觉导向浪漫的生态艺术。

当欧洲这个古老世界有了自己的创造力，活跃于北纬60度和35度之间的寒冷气候带时，从北纬45度到南纬40度横跨赤道的另一个大陆，新移民在二次世界大战之前就开始摆脱了欧洲的影响，开始在他们自己所拥有的天地中创作。这一点在墨西哥和南美洲表现得最为明显，那里，勒·柯布西埃对于城镇规划的影响远大于在欧洲本土。全世界风格统一的现代城市实例是巴西首都巴西利亚。与如此有序的建筑形成鲜明对比的是佛罗里达州和西印度群岛的度假区等，其设计意图是摆脱机械产品的限制。拉丁美洲继续了一种实际上是以崭新的生物学为导向的艺术创作，该艺术倾向的先驱是罗伯托·布尔·马科斯（Roberto Burle Marx）。只有在墨西哥存在着一种历史延续的感觉。

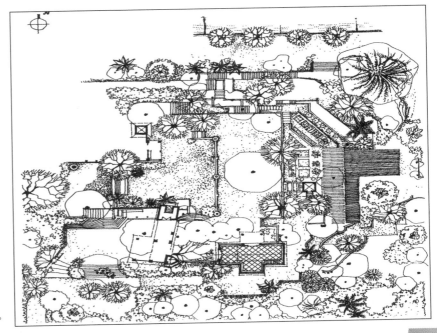

6-33　住宅平面，Geoffrer Bawq 设计。

233

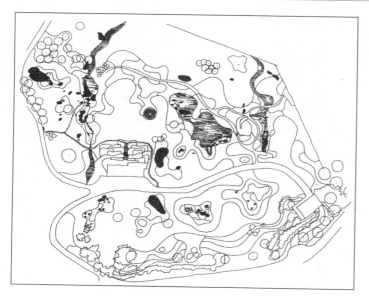

6-34 里约热内卢塞内斯波里的Krong orth 花园平面。（左上图）

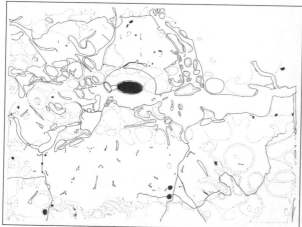

6-35 伦敦规划分析。（左下图）

6-36 西雅图的"太空之针"（Space Needle and full moon, Seattle, Washington）。（右下图）

英美环境规划思想的发展

在美国，正统的设计原则已经大体确立。由现代交通和竖向设计所激发的具有首创性的市镇景观开始改变城市中心。在土地使用规划中，美国在30年代初的新政运动中就已达到高潮，1950年田纳西流域管理局（TVA）就已经在政策和实践两方面证明了这种规划的正确性。此后，除了国家和州立公园继续发展外，生态领域内的进展均来自于大学里进行的基础性研究。虽然在1960年人工生态系统已完全建立起来，但是，直到1970年它才被当作结合了人类的生存系统而不是单一的自然系统而被认可。总之，仅认为人类是生态系统的一部分是远远不够的。人类在搜寻一种理念，这种理念在历史上是用圆屋顶、塔楼和尖顶一类建筑形式来表达的。今天，人们似乎找不到这类东西的替代物。人类被混淆了天际线的商业建筑所围绕，并发现这些商业性建筑与那些传统的建筑可怕地并列在一起。在这个新的世界，较之古老的欧洲，美国较少地纠缠于历史价值观念。因此，在美国就有可能探索一种新型的"人类"表达。其景观价值的历史概念是不同的。诸如乔治亚洲首府亚特兰大，引人注目的高层商业中心组成典型城市景观，从商业中心向外扩散，点缀在郊区住宅的底层是多功能的商店，而较为繁华的商店单独地分散在绵延不断的林荫公用土地上，教堂尖塔时而冒出树林。

与僵硬不变的城镇规划相对比，英国依旧是有机的城镇规划的先驱。1945年，大伦敦总体规划提交了一份综合性分析报告，它表明了大都市在原则上是一个像变形虫一样的围绕着某个中心的有机体。小城镇的本质就是挤满单栋房子和花园的集合。这与花园城市运动的经验一起形成了第一座战后新城的基础。这个新城的设计周期是：1950年，环绕中心开放绿色空间的房屋和花园邻里单元建成，尺度由来往学校和商店的步行距离决定（Harlow）；1960年，迁移居住区以及对汽车的认可成为设计的基础（Cumbernauld）；1970年，邻里单元最后消亡，完成基于机动车道路方格网的总体城市空间规划，该道路网络结合地形起伏的乡村，留有足够大的自由交通空间，以便在一个浪漫的景观范围之内

6-37 伯明翰的波恩维尔园。

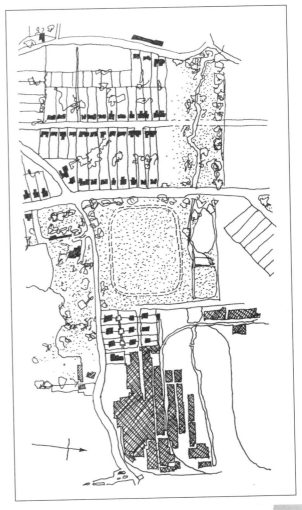

容纳独立式住房（Milton Keyness）。最近，关于回归自然的做法不同寻常，因为在大多数国家，所谓理性规划留下的混凝土丛林造成了树木、房屋、花园以及邻里关系的丧失。跳出了传统景观设计框框的现代主义景观设计遍及所有发达国家。它是一种新的非同寻常的现象，在城市中引起了较大的破坏，在乡村里，它造成了混乱与冲突。由于人口密度和财富分布的原因，增长的痛苦在英格兰是最为激烈的。其表现是：历史的物质和精神价值观之间的冲突；机器与人类能量在尺度上的冲突；土地综合使用的压力；承担早期遗留下来的废物、污染物和垃圾；以机器产品为基础的生态系统问题。为

了重新创造新型的景观，摆脱混乱的秩序，涌现了一系列被称之为大师的园林师，他们包括综合景观规划师、都市规划师、景观设计师和园林建筑师。

在我们的视觉世界中，环境的变化是不可避免的，差别和灾难依然与我们同在。今天的变化过程比历史上任何时期都更为复杂。环境规划不能只是一味地满足人类的主观要求，而是要规划人类文明的健康发展，因为，我们这个被锻造了长达10亿年之久的生物链是客观的，不是那么容易就可以被重新复制的。

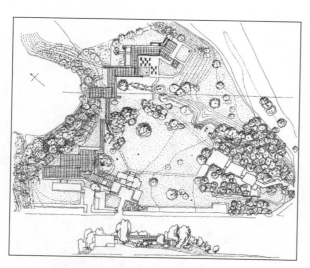

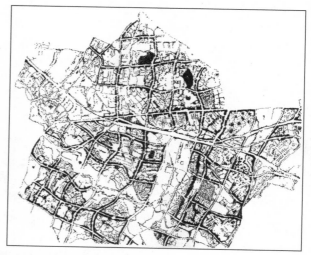

6-38 Humleback 路易斯安娜展览馆。（左上图）

6-39 英国 Bucking hamshire 的米尔顿肯尼斯镇计划。（右上图）

6-40 巴西利亚的三权广场。（右下图）

6-41 解构主义作品：柏林"城市边缘"
竞赛，丹尼·利伯斯金德（1987年）。（左
上图）
6-42 巴西利亚城市规划示意图。（右上图）
6-43 巴西利亚三权广场的景观。（下图）

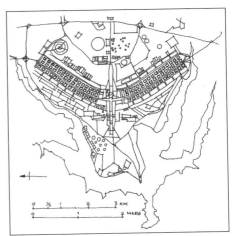

237

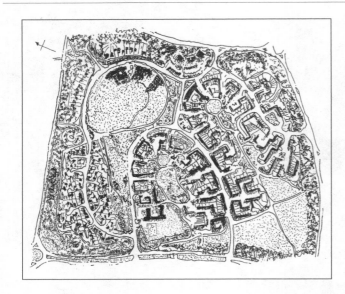

6-44 尼斯山 Wayland Tunley 建筑设计，Geoffrey Boddy 景观设计。（左上图）

6-45 Saltan Qaboos 大学总平面，York Rosenberg Mardall 建筑设计，Brian clouston & parther 景观设计。（左下图）

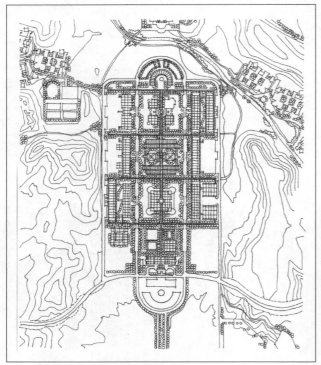

6-46 "Villa Zapu" 别墅，David Connor 等设计，美国加州。（右下图）

6-47　别墅，密斯·凡·德·罗设计
（1941—1951）。（左上图）

6-48　"玻璃房子"建筑师住宅，菲
利浦·约翰逊设计。（左下图）

6-49　纽约曼哈顿的海滨景观。

第三节　设计风格与流派的讨论

关于风格

我们不能脱离具体实例，孤立地谈任何一种设计的风格与流派问题。大的规划思想决定了城市设计的走向，而城市设计的格局又从各方面制约了建筑设计的倾向，这一倾向又必然地限制了室内设计的格调。环境设计是一种综合的文化现象，它是当时当地的现实生活的写照。有文化内涵的环境设计不以某种时尚的追求为目标，而是究其本质，一切服务于优化人居环境之基本目的。

风格是一个很模糊的字眼，往往体现一种设计艺术特色和个性。而风格近似者相互影响，进而集体有意识或无意识地表现出类似的艺术作风，从而形成了所谓流派，在设计理论上、艺术方法上构成

6-50　拉维莱特音乐城。（左上图）

6-51　罗马小体育宫。（左下图）

6-52　维莱特公园景观小品——"疯狂"，屈米设计。

了派别。环境设计风格和流派，在建筑与室内设计活动中往往指设计作品的艺术造型和趣味倾向。这一倾向又与家具、工业产品的风格融为一体，与当时当地的文学、绘画、雕塑以至戏剧的艺术作风相关联。这一点在中外建筑史上反映得十分清楚。常说的古典作风、现代派以及近年来出现的所谓"后现代主义"、"解构派"以及在中国大陆风行一时的"欧陆风"的背后都有着一个风格与流派问题。我们不能忽视在环境设计活动中出现的这一特殊现象，因为，它的出现会直接影响我们的营造思想，影响我们运用物质材料、工程技术的趋势，影响我们对于有限资源和人力的使用与控制。

设计风格存在的原由是多方面的。从文化角度来看，它是人们生活习俗、生活方式所致。"偏爱"往往会变成一种集体的无意识，从而左右社会时尚。但是，更为主要的是人们赖以生存的生产方式和由之而来的产品形式、能源消耗方式、产品交流形式。在不同时代和地区，上述原因逐渐影响了人们对于生存空间的质量的评价标准，而这一标准又反过来影响了环境设计师们的创作构思和表现，进而发展成为具有典型性的设计方法、造型意识与设计形态的处理手法。内在与外在原因有时是说不清楚的，风格形成原因的含糊性决定了风格本身的模糊性，虽说，它在某种程度上反映着深刻的艺术与文化内涵，风格又往往流于形式。一种风格或流派一旦形成，它的负面影响也往往不可忽视。当环境设计仅仅局限于作为一种形式追求时，它的破坏性也就很大。在世界范围内多次出现的大规模复古运动就是这方面的典型实例。而20世纪现代设计运动的发展历程一次又一次地给予我们关于风格问题的教训。风格就像带刺的玫瑰，它可能是美丽而芳香的，有可能对我们的环境艺术创作有所启迪，但它又可能伤害我们设计活动的健康发展。大体上讲，现实的设计作风有如下几种取向：注重传统，表现现代技术，着意探索新的表现可能性。

6-53 景观小品"疯狂"（局部）。

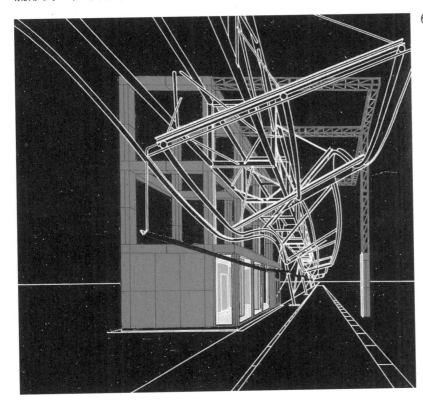

关于传统

注重传统的环境设计作风，从城市设计上讲，十分强调城市轴线的引导作用，往往从城市空间、色彩、建筑形式以及材料和营造技术上强调历史文脉；就建筑设计和室内设计而言，则十分注重吸取传统的外部形式，如柱式、屋面做法等等。在室内布置上有的干脆沿用传统的或稍事简化了的传统家具和装饰品。讲求中国传统，则离不开中国的"大木作"或"小木作"和作为第五立面的中式大屋顶等唐、宋、元、明、清的遗风；讲求西洋传统的则离不开"三段式"、"五柱范"、穹顶和拱券等希腊、罗马、哥特式、文艺复兴式古典以及巴洛克、洛可可一类样式。在室内设计活动中，英国维多利亚式和法国贵族的室内装潢与家具作风以及伊斯兰装饰、日本传来的所谓"和式"都是设计师们猎奇的对象。

传统在一定程度上是一把双刃剑。注重传统的设计风格，并能有效地将其与当地的文脉和社会环境结合起来，通过良好的设计能建立历史延续性，能表达民族性、地方性，有利于体现文化渊源。做得好，自然是耐人寻味。反之如果生搬硬套，就会像抄来的文章，令人厌倦，显得拙劣。一般来说，在一些历史名城和文化胜地，这种做法有其一定的生命力。如果让这种作风到处蔓延，漫无边际，则是有害无益。

6-54 巴黎圣母院后的二十三世花园。

6-55 法国南锡的国王广场(18世纪中叶)。

6-56　西班牙，塞哥维亚，从克拉莫尔河对岸看去的城市轮廓线（14世纪的城堡）。

6-57　北京天坛。（右下图）

6-58　阿尔卑斯山脚下布列斯卡的景观设计。（左下图）

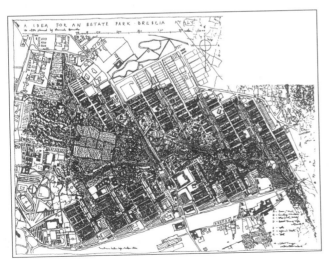

现代派与包豪斯

注重表现现代技术的作风与工业革命之后的科技与材料工业的发展相关。在本世纪初，二十几岁的格罗皮乌斯（W. Gropius）提出了一个美学主张："大规模的工业生产能与美的创造相媲。"同时，他怀着对中世纪工匠的敬意，特别是对教学艺术的奉献精神与合作态度的怀念，给当时自己所主持的艺术学院取了个有趣的名字"BauliutieE"，以追忆中世纪的"Bauliutie"泥工的小房子。他告诫其同仁打破门户之见，脱离沙龙，回到那"小房子"搞点实在的，体现自己所处时代精神的艺术创作活动。然而，事情并不像包豪斯（Bauhaus）宣言那般单纯，应用艺术与所谓纯艺术之间的鸿沟是不可能用机械方式来弥合的。即使是在持有相当改革精神的前卫艺术家圈内，各种艺术思维方式上的分歧往往也会造成治学与教学立场上的岐见。约翰·伊顿（Johannes Itten）的辞职就是一个很典型的例子。瑞士人约翰·伊顿1919年秋加入包豪斯，据说他笃信波斯教与东方哲学的内在力量来平衡现代的工业文明，他的艺术面貌笼罩着表现主义和无政府主义的色彩。与之相悖，格罗皮乌斯注重设计艺术与工业生产之间的逻辑关系，主张艺术教育要面对现实世界。不是私人关系，而是这种艺术与设计哲学上的分歧，破坏了两者之间的合作气氛，这也正是导致伊顿这位才气十足的早期包豪斯成员辞职的原因。类似的矛盾也反映在来自俄国的康定斯基（Kandinsking）与荷兰风格派代表人物凡·杜斯勃格（Van Doesburg）所持的不同艺术主张与教学思想上。康定斯基与杜斯勃格一样，也讲理性，但他理性得不够"冷静"，情绪上过于神秘。杜斯勃格则不然，他深谙荷兰"风格派"的要领，持与蒙得利安同样的造型精神，求索艺术上的"共性"，艺术作风要"冷静"得多，以至能在教学中体现与工业生产逻辑过程的具体结合。据说凡·杜斯勃格很受学生欢迎，但在包豪斯却怎么也呆不下去，于1922年去了巴黎。据说他在包豪斯教学过程中出语不慎，得罪了格罗皮乌斯。但根据凯尼斯·弗莱顿（Kenneth Frampton，1980年）的说法，格罗皮乌斯在自己办公室的家具设计上也受了杜斯勃格的影响。起码在学术上，杜斯勃格的风格派的影响似乎是积极的。伊顿离去，匈

6-59 德国包豪斯校舍（局部）。

6-60　德国包豪斯校舍。

牙利人纳吉（Loszlo Moholy – Nagy）补了他的缺，纳吉深受俄国结构主义（Constructirism）的影响。在艺术作风上离感性更远，而注重在材料，特别是工业材料上（诸如玻璃和金属等）作文章，从而与风格派的造型主张互补，为新建筑与工业产品的图形构造了一个较成熟的语言体系。而这一系列在艺术流派上、教育思想上的反复摸索，导致了现代设计教育思想与体制的初步形成。这一点集中反映到 1926 年完工的德骚（Dessau）包豪斯校舍建筑上，该建筑被 Giedion（1888—1968）称为现代建筑的三杰之一。在建筑的布局上，德骚校舍由设计学院、学习工厂与宿舍三块构成了一个有分有合，功能明确，造型简洁的群体。配合以当时极为新鲜的钢木家具、灯具等等，整体上完成了一次现代设计与教育思想的凯旋式的表达。可惜，正当包豪斯将近成熟之际，格罗皮乌斯于 1928 年提出了辞呈，他辞职的原因在史书上说法不一，但内部与外界政治压力给他带来的麻烦可能是主要缘由之一。此后，汉斯·梅耶（Hannes Meyer 1889—1954）出任校长，无明显建树，1930 年离任。之后，密斯·凡·德·罗（Mies Van De Rohe）继任，他做了一个关门的校长，仅将包豪斯维持到 1933 年。

包豪斯仅办了 14 年，学校成就颇高。作为一个教育机构，它是短命的，然而，其影响却极深远。格罗皮乌斯后来去了美国的哈佛，密斯去了伊利诺工学院，纳吉在芝加哥办起了设计学院。在美国，而不是在欧洲，包豪斯的同仁们实现了自己的宿愿。哈佛建筑设计研究院成为了现代建筑大师的摇篮，密斯在美国构造起了玻璃与钢结构的王国。他们所谓的国际式风格，推动了现代建筑运动，同时也走向了极端，导致了自我的否定。以至后来人搞出了一个"后现代"（Postmodernism）。明星纷纷陨落，然而包豪斯办学的精神尚存，我们追忆的不是他们的国际式风格，而是他们那种对于时代精神，那种讲求独创性的、严谨的治学态度。在生态环境已被当代工业文明侵蚀的今天，我们需要的是一个综合型的环境设计体系。从产品到建筑设计，室内设计包豪斯式的理解，肯定不能适应当前更为复杂的环境条件。人文学科、生态科学与环境设计艺术的结合似乎是现代设计的希望所在。这便需要设计师本身在知识结构上有个调整，在学风上讲求诚实。

构成主义

讨论现代设计作风，我们还不能忽视了俄国的构成主义。构成主义建筑在苏俄的出现是现代设计革命中的一件影响深远的大事。然而，它本身在苏俄的夭折却又是一个极大的、历史性的憾事。今天我们回过头再来看20年代在苏俄的构成主义，它只不过是一种在设计观念上有一点探索性的设计思潮，甚至它只是一种现代艺术活动，既谈不上"主义"，也没有明显的政治色彩。它仅仅是一群建筑师和艺术家面向工业革命的技术进步，怀着理想主义者的激情，用他们的技术与艺术语言表达了他们的审美理想。他们的这种表达往往是非常戏剧化的，虽说很有感染力，大多数却是纸上谈兵，至多是些绘画、模型或者建筑构想方案，真能兑现的却寥寥无几。

抽象艺术家K·马列维奇（Kasimir Malevich 1878—1935）在1913年提出了"至上主义"，与巴黎的立体派（Cubism）遥相呼应。雕塑家嘉波（Naum Gabo, 1890—1977）等，正视当代机械技术与材料科学的发展，熔未来派与立体派为一炉，发展成为所谓构成主义。这是一种艺术作风，它淡化了作品的主题性，试图打破艺术门类之间的界限，强调对于技术的表达，或者说对于技术的表现。作为一种艺术作风，它有其非理性的一方面。它的非现实性，

或者说"超前性"在苏俄革命初期有其激动人心的一面。然而，斯大林的集权作风和长期笼罩苏俄的民族主义艺术情节是不能与这种过于有想象力的自由作风共鸣的，而取而代之的必然是建筑艺术上的折衷主义和无原则的纪念性作风。

与苏俄的局面正相反，在西欧与日本，构成主义在知识分子中却倍受青睐。在荷兰，构成主义者的活动与荷兰的风格派的代表人物陶埃斯堡结合了起来；在德国，它甚至影响了包豪斯的办学思想；在日本，构成主义的艺术阴魂至今不散；到了后来的英国，我们还能在斯特林（Stirling）设计的莱斯特大学工程馆找到构成派建筑语言的余音。

总之，后来的现代建筑发展和成就肯定了苏俄构成主义先驱们的主要设计原则。因为，构成主义所探求的是一种顺应工业技术发展的艺术作风，探索一些有现代意味的建筑语言。虽说有着很明显的形式主义倾向，它却为后来的、较为成熟的现代建筑的发展奠定了基础。从这个意义上讲，构成主义学派在苏俄的夭折对于当地建筑的发展确实是一件憾事。然而，话又要说回来，一个建筑思潮的出现与它能否产生现实影响往往取决于承载它的社会基础，构成主义从斯大林王国"出走"是有其必然性的。

6-61　巴塞罗那国际博览会德国馆，密斯·凡·德·罗设计（1929年）。

6-62、63　施洛德别墅，里特维尔德设计（1924年）。

6-64　巴黎蓬皮杜中心的外观，罗杰斯、皮亚诺设计。

技术与表现

　　真正在设计活动中充分而且比较成熟地运用现代技术的还要算20世纪中叶之后所出现的一些现代设计艺术流派。它们的个性很突出，称谓极多。最有特点的是所谓重技派（High-tech）。重技派作品注重体现"技术美"在建筑和室内环境中的表现。以暴露结构、设备（风管、线缆等设备和管道）和构造技术上的精美为艺术特征。其代表人物要算罗杰斯、福斯特等。罗杰斯引起国际性的关注是在他与意大利人伦佐·皮亚诺（Renzo Piano）一起创作蓬皮杜中心（Centre Pompidou 1971—1977）之后的事。舆论界称其建筑风格为HIGH-TECH。其实罗杰斯本人对这种说法不以为然。看看他后来的作品洛伊德大厦（Lloyds Building，1978—1986），我们不禁要问："房子非要这样造么？"这幢房子使我们产生的联想实在太多，简直是"一台戏"。如果狭隘一点，仅从视觉感受上讲，它使我们再一次联想到引发现代主义运动的工业革命的力量。它又驱使我们进一步感受到来自当代的技术发展的影响。虽说在英国，人们对罗氏的这一建筑褒贬不一，然而人们很难抗拒它那种工业技术和象征力量的吸引。我们毕竟没有英国皇室的那种黄昏情绪，因此，我们对罗杰斯的探索始终保持着一种分析与欣赏的态度。究竟罗杰斯在现代建筑创作道路上能走多远，其目标所至何处对我们来讲始终是饶有兴味的。分析一下罗杰斯的几件成名作，其中确实有一些值得深思并予以检讨的问题。说到底，造房子，就是造房子本身。从根本上讲，是很难断然分高下的。至于对技术手段的运用，只存在一个是否使用得当的问题。此间，"得当"二字最难评价，也最为难得，不然，建筑师便有可能成为网架生产商的代理或者建筑材料商的推销员了。更不入流的是那种用钢结构做外墙装饰、用大跨度结构做门脸的虚伪建筑手法了。因此，评论建筑不能只关注所谓"风格"，历史背景、经济条件、生产环境等因素也必须在考虑之列，否则，建筑越奇越怪为上，建筑设计则几近杂耍，建筑伦理就乱了。

6-65　蓬皮杜中心的室内展厅。（右上图）

6-66　蓬皮杜中心建筑的局部。（右下图）

6-67、68　慕尼黑奥林匹克中心的帐篷，它的设计不仅仅是为运动会提供一个功能的空间，也是为城市创造一个标志性的构造物。

60 年代之后，在财富最为集中的美国，出现了一批"样式雷"式的人物。他们为了解脱自己在创作上的困惑，在"艺术"上找到了不少出路。推出的建筑式样有简化了的古典主义或者符号学引导下的装饰手法，还有诙谐的波普手法，甚至还出现了前几年那种包含了哲学意味的"解构主义"种种。刀笔在手的建筑评论家则推波助澜，声讨现代建筑的种种罪孽，宣布了现代建筑的"死亡"，并附一张炸毁房子的照片加以佐证。在他们嘴里，建筑派系之多足以令学子们头晕目眩。研究当代建筑史，就像在中国查"族谱"一般。幸而有了改革开放之国策，世界建筑的信息交流通畅了些，加之出游的学人多了起来，大家才松了口气。原来造房子仍然是造房子，无论何时何地，营造业总是件实在事，经济条件、实际功能对于建筑师的制约是无处不在的。事实上，惟美主义，或者讲哲学的房子是不多的，也不可以多。除了强权政治和异样的心理要求之外，大多数业主讲求实际，买不起也不愿意买那种表现了建筑师的"艺术"的设计。凭心而论，我们怎么能要建筑像肥皂剧那样没完没了的讲故事，像演戏那样去挤眉弄眼呢？房子就是房子，它是个有虚实的"东西"，它承载不了许多的情节、思绪、情感或者主张。

在大多情况下，罗杰斯们还算幸运。虽然说罗杰斯的灵活空间多少与密斯的"总体空间"有那么一点关联，在技术手段上、在构造态度上与密斯那种典型的现代主义作风一脉相承。他却没被判极刑，据说是他有 HIGH-TECH，因此评论界便给他发了通向现代主义之后或者说后现代的通行证。此外，罗氏本人也不断声称，他的建筑主张中除了灵活之外还有可持续性发展、低能耗，并且运用了新技术。不管他主张的与他真能实践的有多少距离，他确实看到了他自己的问题。不言而喻，罗杰斯是个极聪明的人。回过头来，让我们再看看他与皮亚诺的成名作——蓬皮杜中心，这座建筑与西方当时及后来的建筑作风的确不同。照童寯先生的话说，"作为一个弹性的容器，随需而变换内容，供文化消费，社会消遣活动（注意，我这位治学严谨的前辈，在谈论中没有提到"节能"二字）。"在建筑处理上，这一中心在巴黎老城区是个巨大的建筑变异。虽说，功能上它满足了巴黎新闻艺术中心的要求，它本身的面貌却太现代化了，以致于我们进了现代画廊都不觉得那些画"现代"，甚至觉得米罗的作品与建筑相比都显得粗糙，与建筑本身相比，某些现代抽象艺术的作品实在太不精致了。蓬皮杜中心淋漓尽致地展现了现代建筑的基本技术成就，表现出一派技术美学。从这个意义上讲，罗杰斯的确为现代建筑的发展铺平了一段道路。当然，蓬皮杜中心在巴黎仍然是个有争议的建筑。然而，偏偏就是在巴黎这个欧洲大陆的历史名城里，矗立起了艾菲尔铁塔，早在 1889 年，巴黎人就接受并赞美了这种技术的审美情趣。正因为如此，自视不凡的法国人，也乐于让罗杰斯这个英国人，皮亚诺这个意大利人在自己的国都施展拳脚，并且也容忍美国人贝聿铭在罗浮宫前盖玻璃金字塔。当然，就建筑技术而言，事情并没有那么简单。用钢结构、裸露的管道和设备覆盖一些玻璃幕墙，在现代建筑史上不是什么新鲜事，更不是所谓 HIGH-TECH 的标志。罗杰斯的成就在于他的营造态度，用我们的话来讲，他有点"鲁班"精神。他构造建筑时讲究原则，关注质量，特别是在构造上讲求精美。他操作建筑设计时，讲究与技术工种的协调合作。虽说有些事他未必都能做到或做得更好，但他起码表现了对新技术与能源问题的关注。称他为 HIGH-TECH，他自己都受不了，那么是否能誉之为 HIGH-ART 呢？当然，在他认同我们的评论之前，还要声明一下，我们这里所指的 ART，不是狭义的艺术概念，而是强调他那种营造上的智巧，技术上的精致。而这种在营造上的智巧，手法上的精练，是永远不会过时的。肯定无须将之定界为"××之后"或"后××"。从 30 年代中国营造学社的研究成果到今天风靡全国的乡土建筑探究，种种成果向我们展示的是中国木构技术及其所形成的美好的空间，技术性审美价值的结论。无论建筑"风云"如何变幻，又有谁能干脆地否定这一建筑构架美的丰富内涵和它的常恒性呢？

6-69　蓬皮杜中心前的喷水池。（右上图）
6-70　从罗浮宫展厅中眺望入口处。（右下图）

罗杰斯们的建筑活动向我们传递的正是这种信息。他下意识或有意识地联系着一种哥特建筑言语。这一点与英国文化的根基不无关系。习与性成，他还有那么一点英国人的浪漫主义色彩。相比之下，他的前辈，密斯在西格拉姆大厦（Seagram Building 1954—1958）的营造中要更为清教徒一些，而他的同辈诺曼·福斯特在香港上海汇丰银行中所用的建筑语言要略为规范和逻辑一些。罗杰斯的建筑探索还在进展，在他与日本和中国建筑师的对话中，明显地表现出对可持续性发展、新技术、节能等等建筑业的前沿课题的极大关注。实践和成就的多少，我们姑且不论，我们翘首以待的是罗杰斯如何以其独特的建筑思考与技术手段走向 21 世纪。

当然，除了罗杰斯之类所谓重技作风之外，在设计界还有专门炫耀新型材料及现代工艺，追求精致与"光亮"效果的作风。大量运用镜面以至曲面玻璃、抛光不锈钢、花岗岩和大理石等。在金属或镜面材料与人工光的配合下，建筑与室内被弄得绚丽夺目，商业效果极好。与之相反，有些设计师的手法要显得更为朴实一些。

6-71 洛伊德大厦，罗杰斯设计（Richard Rosers, Lloyd's Building in London 1979—1984）。

6-72 本杰明·富兰克林大厅，柏林（Benjamin franklin hall in berlin 1957）。

多元化

以美国建筑师 R· 迈耶（R. Meier）为代表的所谓白色派的设计作品，以简明的现代建筑形态表达了一种"布尔乔亚"的趣味。以白色上的白色，光与影的美妙取悦了内行与外行的眼睛。谈到这里，我们还不能忘却了现代艺术运动的祖师爷勒·柯布西埃和马列维奇两位。与迈耶不同，美国建筑师中的佼佼者西萨·佩里对玻璃建筑艺术的发展有着特别贡献。他的设计名声来自于他在设计业务上的务实精神。回顾他的作品，我们很难笼统地以某种风格或者流派来定义他的建筑作风。有人曾称之为银色派领袖，只不过因为他的玻璃幕墙用得多。以此说法去评论建筑设计的风格则可能失之太远，只是形式主义的看法而已。其实，他石头也用得很多，也很恰当。与许多走红的当代建筑师相比，西萨·佩里的发展更接近现代建筑运动的主流，他讲求材料的真实表现，他像希腊人赞美石头那样，赞美钢与玻璃，虔诚地表现现代建筑技术。与罗杰斯、福斯特相比，他的建筑语言往往更为纯净，他以纯二度空间语言，用自己的构造体系营造了现代建筑的"表皮"，而不是翻肠倒肚、暴筋露骨。他曾是沙里宁的学生，然而，更是现代建筑的正宗传人。在他的作品中有蒙特里安"The Style"的图形影响，有密斯·凡·德·罗的构造精神，有沙里宁的结构立场，也有鲁伊斯·康的主从空间意识。他讲究文脉，但语言并不僵化，更不会程式化。他在 Student Center Expansion of Rice University 和 World Financial Center, New York 的表现说明了他对传统与现代建筑语言把握的能力。然而，与格雷夫斯不同，西萨·佩里有那么一点"变色龙"的味道，在他的建筑创作历程中充满了建筑语言上的变化，在这一点上西萨·佩里倒有一点像画界的毕加索（Picasso）。

6-73　P·约翰逊设计的建筑。（左图）
6-74　鲁伊斯·康设计的建筑。（右下图）

6-75　摩尔："凯旋门"。（对页）

6-76　Arden Fair 购物中心的"豁口"
展示厅。（右上图）

6-77　加博为鹿特丹比仁柯夫百货商店
所作的构成（金属）1954年。（左下图）

6-78　POP 风格的建筑装饰。（右下图）

西萨·佩里谦恭而冷静地营造了一个自己的建筑艺术博物馆。而这个博物馆几乎是应有尽有。他的确是一个务实的，同时也是幸运的设计师。

　　所谓后现代风格实际上是一种现代设计多元化的倾向。在美国的代表人物有 P．约翰逊（P．Johnson）、R．文丘里（R.Venturi）、M．格雷夫斯（M.Graves）等。这些人都是当代的设计大师级人物，他们各持己见，讲究设计活动的历史与文脉关系，他们的古典艺术、现代艺术和 POP 艺术的修养都很高。同时，他们的思想与实践在世界范围内的影响不小，甚至在中国，特别是在建筑设计和室内设计行业都有不少的追随者。然而，后现代问题并不那么简单。它所涉及的思想与社会问题不少，仅仅以设计样式来分析这一设计作风往往是表面的。后现代问题在中国有着十分严重的误解。应另行讨论，不可盲从。至于前几年所讨论的"解构主义"，则更不应该在风格与流派的讨论的语境中去展开。"解构主义"问题是个与西方现代

哲学有关的问题。它是一种思想倾向而不是简单的形式游戏。对于环境设计师来说，我们面临的更为重要的问题是生态环境的质量问题。

　　随着现代技术的迅猛发展，今天我们已步入了信息时代。由于技术进步带来的严重生态问题，人们对于自己的理性力量已开始怀疑。"回归自然"之风又开始抬头。顺应自然，讲求自然美的设计作风又一次获得了生命。从生活方式到室内外环境的设计都力求自在舒展、简朴自然。绿化问题成为了设计的重要话题之一。同时乡土文化、地方作风也再一次为人们所关注。更值得注意的是：生态问题已成为当今最主要的、不可回避的前沿课题，它的研究将会彻底改变我们的设计观念，甚至使我们现在所讨论的风格与流派问题显得毫无疑义。21 世纪的环境设计会是什么状况？这将是我们环境设计理论界面临的新的挑战。

6-79　巴黎拉·德方斯新区景观。

256

6-80　美国科罗拉多国家大气研究中心，贝聿铭设
计（1966年）。

6-81　巴黎，拉·德方斯新区，画中的圆柱形高层
建筑为无止境大厦（计算机模拟图形），法国建筑
师让·努维尔（Jean Nouvel）设计，1989年。（下图）

第四节　我们的世界与我们的环境设计

我们这个世界并不平静，天灾人祸一直闹到 20 世纪末的最后一夜。在担心"千年虫"作祟的心理负担下，全世界进入 21 世纪：所谓信息时代。人们说地球变小了，互联网和移动电话缩短了时间和空间，国际互联网仅用了 4 年时间就使它的用户达到 5 000 万（收音机用了 38 年，个人电脑用了 16 年，电视用了 13 年）。但是，如果没有美国软件，世界上任何电脑都不能正常运转，没有互联网，世界似乎就不能好好沟通了。东西方的技术差距客观地存在着。不仅如此，据说，美国的国内生产总值占世界三分之一，并控制了金融市场三分之一投资。论人均国内生产总值：瑞士约 4 万美元，美国约 3 万美元，而中国只不过 800 美元，连巴西（约 4 500 美元）都不如。当然，世上还有更穷的：埃塞俄比亚人均才 100 美元。在当下这个世界上，贫富差距也在急剧扩大。1820 年，世界最富有国家和最贫穷国家人均个人收入比是 3:1，1913 年是 11:1，1950 年是 35:1，1973 年是 44:1，1992 年是 72:1，而 1997 年却是 727:1。世界最富有者比尔·盖茨、阿卜杜勒－阿齐兹·阿勒沙特王子和菲利普·安许茨 3 人的资产总额已超过世界上 26 个最贫穷国家的国内生产总值总和。还是"朱门酒肉臭"，在巴黎高级餐馆一顿晚饭的费用是人均 229 美元。为了模样好看，全球化妆品市场的收益达到约 2 340 亿美元。有人统计过，如果全世界最富有的 200 人每年拿出他们财富的 1%（70 亿到 80 亿美元），那么，全世界适龄儿童都将有机会上小学了。

在 20 世纪的最后 10 年里，人们对生存环境的保护意识增强。但是，人类的活动仍然威胁到自然资源。人均二氧化碳排放量最高的国家是：新加坡 21.6 吨，美国 20 吨，澳大利亚 16.7 吨，挪威 15.3 吨。过分利用和滥用自然资源的现象仍有禁无止，1990 至 1995 年间，地球上平均每年消失的森林面积达 3.8 万平方英里，比一个葡萄牙国的面积还要大。同时，每年因空气污

6-82　纽约自由女神雕像。

染而死亡的人数接近300万，每年又有500多万人因水污染导致的疾病而死亡。世界上还有8.8亿多人得不到足够的卫生医疗服务。不健康的生活方式使非传染性疾病增多。

与环境设计职业相关的是当前世界上的城市化问题。我国和广大的第三世界国家正在向城市化进军，而发达国家又在不断地扩大市郊面积。25年前，全球只有不到40%的人生活在城市；到2000年，将有近50%的人生活在城市；预计，到2025年，世界上将有60%的人生活在城市。未来城市人口中将有近90%又集中在发展中国家。半个世纪以前，世界前100个大城市中只有41个在发展中国家。到了1995年，这个数字上升到60个。与此同时，工业化世界正逐渐扩大。稍有发展的东方国家对高层建筑似乎有着比西方人更高的"热忱"和更大城市化的欲望。在中国，城市化已成为现代化的象征，看来势不可挡。于是，中国新老城市的产业、人口、交通，特别是城市生态结构的调整是21世纪中国城市设计的核心任务。

在本书将完稿之时，从地球的另一边传来一个惊人的消息：恐怖分子用两架劫持的民航飞机，先后撞向了有纽约地标之称的世界贸易中心的双子星座。倾刻间，两幢巍峨的高楼灰飞烟灭，死伤无数。这件21世纪的头号重大事件不仅给全世界的政治家带来了一个新的挑战，同时也为我们提出了一个新的问题：美国这个全世界的经济巨人用金钱和技术垒起的这样一个美国经济的象征，竟然在倾刻间砰然倒塌，那么，我们用人类的全部智慧和财富营造起的生存环境和空间，在灾难前是不是也是如此的脆弱？在人类摆脱了穴居树栖的生活之后，还需要什么样的生存环境才能安宁地生活？

6-83　纽约的下曼哈顿，中间高耸的建筑为世界贸易中心（2001年9月11日被恐怖分子用劫持的民航飞机撞毁）。

许多人用了许多新名词，从不同的角度描述了21世纪的建筑趋势，许多提法可能是很有见地的。但是，从根本上讲，21世纪的建筑问题仍然是一个如何提高人们居住环境质量，这个如同人类历史一样古老的问题。生活不同于生存。生活显得主动一些，要求得多一些。它对于有利于人们生理、心理的健康物质与精神环境有着双重要求。如果说建筑还有哲学可言，这个哲学就是对生活的看法本身。而不同时期人们生活质量观的变迁与完善，正是这一哲学思考的体现。无论是用高科技，还是传统技术与工艺，下个世纪的建筑业都得服务于一个全球性的目标：让我们的世界环保一些，健康一些，灾难与危险少一点，贫富差别缩小一点。世界建筑设计的走向只能、也应该是这样。

在上个世纪末，中国建筑终于出现了一个有一定规模的发展，某些局部的发展甚至是亢奋的。这恐怕是中国作为一个发展中国家走向现代化的必然过程。当然，在这个过程中的种种"建筑艺术"表现并不完全反应着建筑发展的本质。建筑活动不可能是简单的风格与样式的反复与翻新，更不能夹杂着许多建筑以外的"目的"。面向我们这个世界，建筑师们的心境也务必平和一些，建筑设计一定得冷静下来去做。我们中国的有限资源实在供养不起太多的建筑"杂技"大师，也树立不起许多的纪念性丰碑。要讲建筑的本体性和人民性么？就谈让我们建筑师更多地做一些服务于保护城乡环境，优化人民的居住条件，便利百姓的生活与工作的事。

建筑是一个有形的东西，但是它的艺术质量不单是"造型"的结果。如果我们今天的建筑审美标准还是停留在建筑样式的讨论上，咱们也就别跟进什么"信息时代"了。首先，我们不要把简单的问题复杂化，也就是说，造房子就是造房子，这里没有那么多要死要活的意义、无休无止的联想；另外，也千万不要将复杂的问题简单化，许多的筑造（营造技术）问题、材料问题、防灾问题以及建筑节能问题是不能靠拍脑袋来解决的。踏踏实实的基础研究仍然很费精力。建筑艺术的灵魂在于设计师的想象力。这种想象力又总是基于优化了的筑造能力基础之上的。

6-84 澳大利亚麦夸里岛上的企鹅，麦夸里岛是地球上惟一一处位于海平面以下6 000米处岩石暴露在海平面以上的地貌。

6-85　美国拉斯维加斯的蒙特卡罗酒店。

6-86　美国红岩圆形剧场。（右下图）

参考文献

[1] Geoffrey, Susan Jellicoe. 刘滨谊等译. 环境塑造史论（The Landscape of Man）. 台北: 田园城市文化事业有限公司, 1996

[2] 吴家骅. 叶南译. 景观形态学. 北京: 中国建筑工业出版社, 1999

[3] 凯文·林奇（美 Kevin Lynch）. 方益萍、何晓军译. 城市意象（Image of the City）. 北京: 华夏出版社, 2001

[4] 丹纳. 傅雷译. 艺术哲学. 合肥: 安徽文艺出版社, 1991

[5] G·卡伦. 刘杰等编译. 城市景观艺术. 天津: 天津大学出版社, 1992

[6] 芦原义信（日）. 尹培桐译. 外部空间设计. 北京: 中国建筑工业出版社, 1985

[7] Edmund N.Bacon. 黄富厢等译. 城市设计. 北京: 中国建筑工业出版社, 1989

[8] Kenneth Framptom. 原山译. 现代建筑———部批判的历史. 北京: 中国建筑工业出版社, 1988

[9] 沈玉麟. 外国城市建设史. 北京: 中国建筑工业出版社, 1989

[10] Ernst H.Gombrich. 范景中译. 艺术发展史. 天津: 天津人民美术出版社, 1992

[11] 任仲伦. 中国山水审美文化. 上海: 同济大学出版社, 1991

[12] 孟兆祯. 避暑山庄园林艺术. 北京: 紫禁城出版社, 1985

[13] 刘敦桢. 中国古代建筑史. 北京: 中国建筑工业出版社, 1984

[14] 承德文物局、人大清史研究所. 承德避暑山庄. 北京: 文物出版社, 1980

[15] 陈植、陈植造园文集. 北京: 中国建筑工业出版社, 1988

[16] 童寯. 造园史纲. 北京: 中国建筑工业出版社, 1983

[17] 范景中编选. 艺术与人文科学——贡布里希文选. 杭州: 浙江摄影出版社, 1989

[18] 范祥雍校注. 洛阳伽蓝记校注. 上海: 上海古籍出版社, 1978

[19] ［明］文震亨. 陈植校注. 长物志校注. 南京: 江苏科技出版社,

[20] 钦定热河志（卷二十六至卷三十六）. 辽海丛书本. 上海: 上海古籍书店,

[21] ［明］计成. 陈植注释. 园冶注释. 北京: 中国建筑工业出版社, 1988

[22] 雅各布·布克哈特（瑞士）. 何新译. 意大利文艺复兴时期的文化. 北京: 商务印书馆, 1979

[23] Michael Littlewood. Landscape Detailing, Vol.1. Oxford: Butterworth-Heinemann Ltd., 1993

[24] Adrian Lisney, Ken Fieldhouse. Landscape Design Guide, Vol.1, 2. London: Gower Technical Publishing Corporation, 1990

[25] Jiahua Wu. A Comparative Study of Landscape Aesthetics. London: The Edwin Mellen Press, Ltd., 1995

[26] Grant W. Reid. From Concept to Form in Landscape Design. New York: Van Nostrand Reinhold Publishing Corporation,1993

[27] Diane Ghirardo. Architecture after Modernism. London: Thames and Hudson Ltd.,1996

[28] J. William Thompson. The Rebirth of New York City's Bryant Park. Spacemarker Press Publishing Corporation, 1997

[29] David Reed. The Art and Craft of Stonescaping: Setting and Stacking Stone. North Carolina: Lark Books Asheville, 1998

[30] Judith B. Tankard. The Gardens of Ellen Biddle Shipman. New York: Sagapress, Inc, Pubishers, 1996

[31] Torsten Olaf Enge, Cart Friedrich Schroer. Garden Architecture in Europe, 1450-1800. Benedikt Taschen Publishing Corporation, 1992

[32] Hazel White. Paths and Walkways. San Francisco: Chronicle Books, 1998

[33] 大桥治三．日本の庭（上、下）. Creo Corporation, 1998

[34] Francisco Asensio Cerver. City Squares and Plazas. Protgalaxy Publishing Corporation, 1997

[35] Lewis Mumford Harcourt. The City in History. New York: Brace&World, Inc.

[36] Christian Norberg-Schulz. Late Baroque and Rococo Architecture. New York: Harry N. Abrams, Inc, 1974

[37] Christian Norbery-Schulz. Baroque Architecture. New York: Harry N. Abreams, Inc,1974

[38] Geoffrey, Susan Jellicoe. The Landscape of Man. London: Thames and Hudson,1987

[39] Reinhard Bentmann, Heinrich. Palaces of Europe. London: Thames and Hudson,1978

[40] Christian Norbery-Schulz. Meaning in Westen Architecture. New York: Prager Publisher, 1975

[41] Chorles McCorquodale. The History of Interior Decoration. Oxford:Phaidon, 1983